建筑垃圾及工业固废资源化利用丛书

建筑垃圾及工业固废再生砂浆

总主编 卢洪波 廖清泉

主 编 杜晓蒙 李蕾蕾

中国建材工业出版社

图书在版编目（CIP）数据

建筑垃圾及工业固废再生砂浆/杜晓蒙，李蕾蕾主
编．--北京：中国建材工业出版社，2022.1
（建筑垃圾及工业固废资源化利用丛书）
ISBN 978-7-5160-3425-5

Ⅰ.①建…　Ⅱ.①杜…　②李…　Ⅲ.①建筑垃圾—固
体废物利用—砂浆　②工业固体废物—固体废物利用—砂浆
Ⅳ.①TQ177.6

中国版本图书馆 CIP 数据核字（2021）第 264333 号

建筑垃圾及工业固废再生砂浆

Jianzhu Laji ji Gongye Gufei Zaisheng Shajiang

主编　杜晓蒙　李蕾蕾

出版发行：中国建材工业出版社
地　　址：北京市海淀区三里河路 1 号
邮　　编：100044
经　　销：全国各地新华书店
印　　刷：北京雁林吉兆印刷有限公司
开　　本：787mm×1092mm　1/16
印　　张：11.5
字　　数：230 千字
版　　次：2022 年 1 月第 1 版
印　　次：2022 年 1 月第 1 次
定　　价：**78.00 元**

《建筑垃圾及工业固废资源化利用丛书》
编 委 会

总　序

随着社会和经济的蓬勃发展，大规模的现代化建设已使我国建材行业成为全世界资源、能源用量最大的行业之一，因此人们越来越关注建材行业本身资源、能源的可持续发展和环境保护问题。而工业化的迅速发展又产生了大量的工业固体废弃物，建筑垃圾和工业固体废弃物虽然在现代社会的经济建设发展中必然产生，但是大部分仍然具有资源化利用价值。科学合理地利用其中的可再生资源，可以实现建筑废物的资源化、减量化和无害化，也可以减少对自然资源的过度消耗，同时还保护了生态环境，美化了城市，更能够促进当地经济和社会的良性发展，具有较大的经济价值和社会效益，是我国发展低碳社会和循环经济的不二之选。

我国早期建筑垃圾处理方式主要是堆放与填埋，实际资源化利用率较低。现阶段建筑垃圾资源化利用，比较成熟的手段是将其破碎筛分后生成再生粗细骨料加以利用，制备建筑垃圾再生制品，而工业固体废弃物由于内部具有大量的硅铝质成分，经碱激发之后可以作为绿色胶凝材料辅助水泥使用，用以制备再生制品。

为了让更多人了解建筑垃圾及工业固废资源化利用方面的政策法规、工程技术和基本知识，帮助从事建筑垃圾及工业固废资源化利用人员、企业管理者、大学生、环保爱好者等解决工作之急需，真正实现建筑垃圾及工业固废的减量化、资源化、无害化，变有害为有利，郑州鼎盛工程技术有限公司联合全国各地的科研院所、高校和企业界专家编写和出版了《建筑垃圾及工业固废资源化利用丛书》，体现了公司、行业专家、企业家和高校学者的社会责任感。这一项目不但填补了国内建筑垃圾及工业固废资源化利用领域的空白，而且对我国今后建筑垃圾及工业固废资源化利用知识普及、科学处理和处置具有指导意义。

该丛书根据建筑垃圾及工业固废再生制品的类型及目前国内最新成熟技术编写，具体分为《建筑垃圾及工业固废再生砖》《建筑垃圾及工业固废筑路材料》《建筑垃圾及工业固废再生砂浆》《建筑垃圾及工业固废再生墙板》《建筑垃圾及工业固废再生混凝土》《建筑垃圾及工业固废预制混凝土构件》《建筑垃圾及工业固废再生水泥》《城市建筑垃圾治理政策与效能评价方法研究》八个分册。

这套丛书根据各类建筑垃圾及工业固废再生制品的不同，详细介绍了如何利用建筑垃圾及工业固废生产各种再生制品技术，以最大限度地消除、减少和控制建筑垃圾及工业固废造成的环境污染为目的。全国多名专家学者和企业家在收集并参考大量国内外资料的基础上，结合自己的研究成果和实际操作经验，编写了这套具有内容广泛、结构严谨、实用性强、新颖易读等特点的丛书，具有较高的学术水平和环保科普价值，是一套贴近实际、层次清晰、可操作性强的知识性读物，适合从事建筑垃圾及工业固废行业管理、处置施工、技术研发、培训教学等人员阅读参考。相信该丛书的出版对我国建筑垃圾及工业固废资源化利用、环境教育、污染防控、无害化处置等工作会起到一定的促进作用。

中华环保联合会副主席
生态环境部原总工程师

杨朝飞

2019 年 5 月

前　言

2020 年，在第七十五届联合国大会一般性辩论会上，中国提出在 2030 年实现碳达峰的承诺。在气候雄心峰会上，习近平主席进一步宣布："到 2030 年，中国单位国内生产总值二氧化碳排放将比 2005 年下降 65％以上，非化石能源占一次能源消费比重将达到 25％左右，森林蓄积量将比 2005 年增加 60 亿立方米，风电、太阳能发电总装机容量将达到 12 亿千瓦以上。"2030 碳达峰和 2060 碳中和，展现了我国应对气候变化的坚定决心，将促使中国经济结构和经济社会运转方式产生深刻变革，环境整治的范围将进一步从高污染行业扩大到高排放行业，在未来 40 年将极大地促进我国产业链的清洁化和绿色化。因此，高效资源化利用建筑垃圾和工业固体废弃物，将有利于促进我国生态文明建设、"无废社会"建设、生态保护与高质量发展。

再生砂浆是指将胶凝材料、再生细骨料、矿物掺和料和相应的外加剂，按一定的比例混合搅拌而成。建设工程采用再生砂浆可以极大地减少施工阶段建筑垃圾的产生。该类产品品质较好，具有绿色环保、节能减排的优点。

基于此，本书特组织了多位有丰富经验的建筑垃圾和工业固废资源化利用相关科研工作者和企业管理者将积累多年的宝贵经验与建筑垃圾行业积累的素材相结合，编写了《建筑垃圾及工业固废再生砂浆》一书。本书主要介绍了利用建筑垃圾和工业固体废弃物制备砂浆，从再生砂浆原材料、配合比设计、生产设备、性能检测与质量控制、再生砂浆性能的影响因素、再生砂浆施工等多个维度展开研究，以期能解决相关人员在实际生产、使用过程中遇到的相关问题。在此，对向本书提供帮助的企业及技术人员一并表示感谢。

希望本书能对已经从事或即将涉足建筑垃圾及工业固废资源化利用的企业和从业人员有所帮助和借鉴。由于编者水平有限，本书中难免有不妥之处，希望读者批评指正。

编　者
2021 年 9 月

目　录

1 绪 论

1.1 发展再生砂浆的意义

1.1.1 建筑垃圾资源化利用的意义

现阶段，中国正处于现代化城市建设高速发展阶段，居民生活水平不断提高的同时对居住条件的要求也日益提升，建筑行业的发展不但造成天然建筑材料的过度消耗而且造成生态环境的不断恶化。无论是经济发展还是城市建设都会消耗大量的天然建筑材料，中国新建的建筑物数量已经位居世界首位，城市建设时所产生的建筑垃圾数量十分惊人。

大量建筑垃圾随意堆放，不仅占用大量土地，还会改变土壤的物质组成及结构，降低土壤生产效能，也会对地下水水质、空气等产生巨大危害，并且直接或间接地影响着空气质量。因此，建筑垃圾资源化利用既能变废为宝，解决"垃圾围城"问题，又可以减少对天然砂石的开采，抑制砂石价格高涨，具有重要的社会意义。

实际上，建筑垃圾具有巨大的潜在价值，被叫作是放错位置的"黄金"。随着人口的不断增长，土地人均占有率逐渐降低。天然建筑材料的不断消耗，造成建筑材料资源的日益短缺。而这种"黄金"因经济的快速发展及人类环保意识的增强，逐渐被当作"再生资源"进行回收利用。这种将建筑垃圾作为回收资源，经过一定的技术处理，重新作为建筑原材料用于建筑施工中的活动称为建筑垃圾资源化利用。目前，这一项目已经成为建筑业研究的热点问题，国家"十二五"规划纲要中明确指出：推进环保经济快速发展，加快构建资源循环利用体系。各地方政府制定了相关的政策法规，促进了建筑垃圾资源化发展进程。建筑垃圾资源化利用主要有三种方式：一是用于生产环保型建材；二是作为原材料用于道路建设；三是作为再生骨料用于混凝土及砂浆中。因此，建筑垃圾再生产品社会需求量巨大，应用范围宽广，具有很好的开发潜力及经济效益[1]。

1.1.2 发展预拌砂浆的意义

1. 有利于提高建筑工程质量和施工效率，降低工程造价

预拌砂浆较现场配制砂浆，不是简单意义的同质产品替代，而是采用了先进的自动

化配料、拌制等生产工艺，增加了标准化的质量控制环节，避免了人工配料和搅拌的不确定因素，能保障产品质量和性能的标准化生产，是用先进的生产方式取代传统、落后生产方式的一种变革，并以商品化供应的形式满足建筑市场的需求。由于传统的现场配制砂浆计量不准确、人工作业质量不确定等原因，施工质量得不到保障，经常出现空鼓、"爆墙"、龟裂等质量问题，而预拌砂浆品种多、性能好、质量可靠、环境污染小、现场损耗少、施工效率高、工程返修率低。施工经验表明，传统的现场搅拌砂浆每人每天抹灰量为 15m²，而采用预拌砂浆及机械施工每人每天抹灰量可达 60m²，提高了施工效率，缩短了施工周期，降低了工程的综合造价。

2. 节能减排效益显著

据上海市交通委员会和上海建筑科学研究院课题组初步测算，预拌砂浆与现场配制砂浆相比，每使用 1t 预拌砂浆可节约水泥 43kg、石灰 34kg、砂 50kg，利用粉煤灰 85kg（按平均值计算）。按水泥和石灰生产的能耗计算，每使用 1t 预拌砂浆可节约标煤 17.5kg、减少二氧化碳排放 115kg（包括石灰石分解所产生的二氧化碳）。扣除烘干砂所需能耗 8.5kg 标煤，仍可节约 9kg 标煤、减少二氧化碳排放 90kg。另外，城市污染的主要成分是粉尘污染，其中建筑工地是主要的污染源之一。据统计，施工扬尘占城区粉尘排放量的 22%。目前，我国大部分主要城市的城区已全面禁止现场搅拌混凝土，所以施工现场的扬尘主要由现场搅拌砂浆及砂浆原材料的堆放所致[2-3]。使用预拌砂浆则可以基本上解决施工现场的粉尘污染问题，可极大地改善大气环境。

3. 为资源综合利用开辟一条新的途径

建筑垃圾、粉煤灰、尾矿废石、钢渣、矿渣等固体废弃物已对环境造成威胁。固体废弃物可在砂浆中作为骨料和水泥替代物（掺和料）使用，其中粉煤灰由于具有一定的活性，是目前砂浆中使用量最大的掺和料。而尾矿石、建筑垃圾等则可通过破碎、分级后作为骨料使用，在部分地区还减轻了天然砂的开采对环境造成的影响。预拌砂浆的大规模推广，有效地促进了固体废弃物的利用，大大减轻了资源消耗和工业及建筑废弃物给环境带来的压力，符合循环经济发展的要求。

4. 有利于促进水泥工业结构调整

预拌砂浆的工厂化、集中化生产，将进一步扩大对散装水泥的需求，大量减少或杜绝质量低劣、高污染、高耗能的立窑及袋装水泥在城市工程施工项目中的应用。一些水泥生产企业纷纷投资建设预拌砂浆生产线，还有一些立窑水泥厂也在淘汰落后产能过程中转产预拌砂浆，这些都是实施水泥工业结构调整的有效举措[4]。

1.1.3　再生预拌砂浆的优势

再生预拌砂浆是指将胶凝材料、再生细骨料、矿物掺和料和相应的外加剂，按一定的比率混合搅拌而成。现阶段建筑垃圾的来源主要有三个方面：旧建筑拆除产生、新建筑施工产生以及建筑装修产生。从 2017—2020 年我国建筑垃圾的构成分布来看，旧建筑拆除所产生的建筑垃圾占建筑垃圾总量的 58%，新建筑施工产生的建筑垃圾占 36%。由此可见，建筑物的拆除阶段和新建筑的施工阶段是建筑垃圾控制的关键点。

传统砂浆存在诸如设计强度很难达到施工要求，浆体的保水性以及稠度值不达标的问题。情况严重的甚至会对建筑的正常使用造成威胁。而采用再生预拌砂浆可以极大地减少施工阶段建筑垃圾的产生。相对于传统现场搅拌的砂浆，预拌砂浆还具有以下优点：

1. 产品品质较好

传统现拌砂浆更容易受到各种因素的影响，尤其是现场施工人员的不规范操作，以及对本身掺量较少的外加剂称量不准确，均会导致砂浆出现泌水、裂缝、空鼓等问题，严重的还会降低砂浆的强度。预拌砂浆将各种原材料提前混合均匀，将重要的配料混料环节工业化，提高配料精确度从而提高产品品质，对环境依赖程度降低。

2. 种类丰富

可以根据不同的施工要求和部位采取不同的材料，由于不同材料有不同的尺寸、结构，这些现场搅拌是很难满足的。

3. 绿色环保、节能减排

再生预拌砂浆的生产往往是在工厂内部，具有成套的生产设备和工艺，在原材料的损耗大幅度减少的同时还可以通过调整配方及生产工艺来减少浪费，避免现场搅拌带来的粉尘、噪声等环境污染，又可以减少建筑垃圾的堆放。

4. 经济性好

传统现场搅拌砂浆有 20%～30% 的材料损失，而再生预拌砂浆适合机械化施工，能够缩短建筑周期，降低建筑造价。

1.2 再生预拌砂浆的发展历史与现状

1.2.1 国内外再生细骨料研究现状

建筑垃圾的再生利用较早开始于"二战"中建筑设施受到破坏和自然资源短缺的国家，如日本、俄罗斯、德国等。到目前为止，全世界都非常重视废弃混凝土再利用的问题。日本国土面积较小，在建筑垃圾再生利用研究方面起步较早，技术也比较成熟。在政策方面，1970 年日本就出台了《有关废弃物处理和清扫法律》，1977 年制定了《再生骨料和再生混凝土使用规范》，2001 年制定了《废弃物处理法》，并相继制定了《用于混凝土的再生细骨料 H》（ISA 5021—2005）、《用于混凝土的再生细骨料 L》（JISA 5023—2006），根据以上标准将再生细骨料分为高、中、低三类品质。在应用方面，1995 年日本全国建筑废物资源利用率就达到 58%。目前，日本的建筑垃圾利用率达到了 90％以上，这归功于日本建立了许多再生加工厂，这些工厂主要负责处理混凝土废弃物和生产再生骨料[5-6]。

　　建筑垃圾的破碎与筛分是再生细骨料应用的前提，国外对再生细骨料的制备工艺已有相当成熟的研究。如俄罗斯的再生细骨料生产工艺流程（图 1-1），有磁铁分离台和木材、塑料的分离台，2 台转子破碎机，进行 2 次破碎，最后产出 0～5mm、5～10mm、10～20 mm 和 20～40mm 四种粒径的再生骨料。德国的再生细骨料生产工艺流程（图 1-2），有入口料斗、铁件收料斗，2 台破碎机，通过初次破碎，筛分得到0～32mm、32～45mm 和 45～150mm 三种粒径的再生骨料，其中 45～150mm 粒径的再生骨料经二次破碎，得到 0～16mm、16～45mm 和 45～90mm 三种粒径的再生骨料。

　　与国外再生细骨料生产工艺相比，国内有多种再生细骨料破碎方式，利用颚式破碎机破碎是目前的常用方法。根据我国劳动力相对低廉的现实，参考国外生产工艺，史魏等提出了一套适合我国的生产工艺，该工艺设计添加了风力分级设备及除尘设备，能将0.15～5mm 的再生细骨料分离出来，为再生细骨料的分离提供了新的方法[7]，工艺流程如图 1-3 所示。

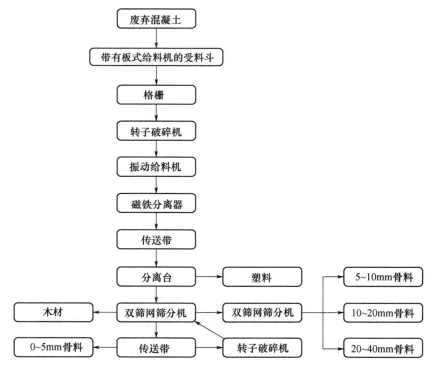

图 1-1　俄罗斯的再生细骨料生产工艺流程

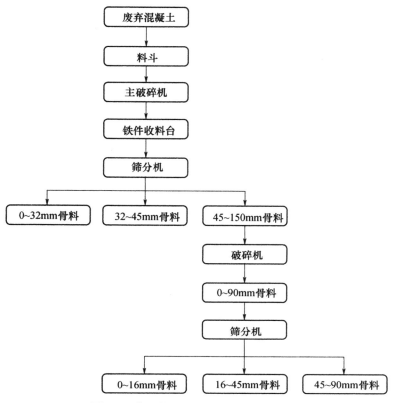

图 1-2 德国的再生细骨料生产工艺流程

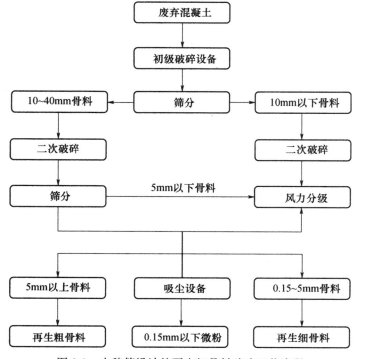

图 1-3 史魏等设计的再生细骨料破碎工艺流程

1.2.2 国内外再生砂浆研究应用现状

建筑垃圾来源具有多样性，配制再生砂浆可以采用不同种类的再生细骨料，鄢朝勇等[8]以废渣生态水泥作为胶凝材料，分别采用粉碎后的废砖、废砂浆、废混凝土和混合建筑垃圾等再生细骨料取代天然黄砂做细骨料，配置了 M5.0、M7.5、M10 三种再生生态砂浆，试验结果表明，砂浆用水量随着再生细骨料替代率的增大而增加；不同种类的再生细骨料配制中低强度砂浆对砂浆强度没有明显不利影响，28d 强度均能达到设计强度的要求。

刘凤利等[9]将废弃陶瓷制成再生细骨料，部分取代天然细骨料制成陶瓷再生混合砂砂浆，以天然中砂砂浆、黄河特细砂砂浆及陶瓷再生粗砂砂浆三种砂浆为对照组，对比了和易性和力学性能的差异，试验表明，陶瓷再生混合砂砂浆具有良好的流动性和力学性能。

陈宗平等[10]采用 11 种再生细骨料替代率从 0%～100%，级差为 10%的水泥砂浆制成标准试块并研究其抗压强度，结果表明，再生细骨料砂浆具有流动性好、保水性差的特点，与天然细骨料水泥砂浆相比，抗压强度降低明显。

易海林[11]研究了再生细骨料的颗粒级配对湿拌砂浆强度的影响，采用细度模量分别为 1.6，1.8，2.3，2.6，3.3 的再生细骨料取代天然砂制备再生砂浆，通过抗压强度试验发现，细度模量为 2.3 的机制砂拌制的砂浆抗压强度最高。郑娟荣和谷迪[12]的试验也得出了相似的结论，在抹灰砂浆中，机制砂的细度模数在 2.3 左右为宜。国内对再生砂浆耐久性研究方面，刘俊华等[13]研究了废陶瓷再生细骨料对砂浆的干缩性能影响。研究结果表明，废陶瓷再生粗砂的取代率是影响砂浆干缩的主要因素，对应于取代率的增加，砂浆各龄期的干缩率在减小，原因是废陶瓷再生骨料的高吸水率使其在拌和时吸收了部分水分，随着龄期的增加，骨料内部的水分逐渐释放，增加了砂浆内部的湿度，从而使砂浆的干缩率变小。

段邦政等[14]通过对湖北襄阳地区的建筑垃圾破碎筛分得到再生砂，并用粉煤灰作为掺和料配制再生砂浆，试验结果表明，再生砂浆用水量随再生细骨料替代率的增大而增加，保水性趋于提高，获得良好骨料级配时的再生细骨料替代率为 40%，强度提高。

李如雪等[15]以不同再生骨料和不同替代率配制再生砂浆，研究结果表明，再生细骨料替代率在 0%～10%，再生砂浆强度是不断增加的，超过 10%，强度呈下降趋势。《再生骨料应用技术规程》（JGJ/T 240—2011）规定：再生细骨料替代率可根据已有技术资料和砂浆性能要求确定，当无技术资料作为依据时，再生细骨料替代率不宜大于 50%。

Hiromichi M 等[16]研究发现，在工作性能方面，在相同配合比下，再生细骨料等量取代河砂制作的再生砂浆工作性能会比河砂砂浆差，而通过增加用水量可以改善再生砂浆的工作性能。力学性能方面，在相同灰砂比下，再生细骨料等量取代河砂制作的再生砂浆强度会降低；使用掺和物部分取代胶凝材料，再生砂浆强度会略大于河砂砂浆。可以看出，传统再生细骨料在取代河砂制作砂浆时，各项性能均降低。

Ogawa H 等[17]用筛除 0.075mm 以下粉体的再生细骨料来制作砂浆，发现砂浆的抗压强度有所提高，这为进一步研究提供了一种思路。

1.3 再生砂浆性能研究现状

1.3.1 再生砂浆流变性能研究现状

再生砂浆相较于普通砂浆，其工作性往往有较大损失。主要是因为再生砂浆采用的骨料为再生细骨料，而再生细骨料往往在表面附着水泥浆，且针片状较多，不利于所制备再生砂浆的流变性能。针对再生细骨料本身存在的不足，国内外相关专家分别对此提出了自己的意见及改良方案。李秋义等[18]提出了一种再生细骨料整形的方法，将废弃混凝土除杂，进行破碎将产生的废料除去后进行第一轮筛分，筛分后将其进行物理强化，然后进行第二次筛分，直至粒径全部小于 4.75mm 时停止，最后对其进行除粉作业，得到再生细骨料。经过此方法得到的再生细骨料其基本性能接近于机制砂。Pedro D 等[19]采用两种不同方法来处理建筑垃圾，一种是只用颚式破碎机破碎一次，另一种是采用颚式破碎机和锤式破碎机各破碎一次。结果表明，破碎两次所得到的再生细骨料其基本性能指标均优于只破碎一次所得到的再生细骨料。

再生砂浆的流变性普遍较差，而粉煤灰、废砖粉等矿物掺和料在一定程度上能改善再生砂浆的流变性能。粉煤灰作为一种活性矿物掺和料在商品混凝土中得到了广泛应用，粉煤灰的二次水化反应和微骨料效应[20-24]得到大部分学者的认同。将粉煤灰用于砂浆中来取代水泥，不但可以减少水泥的用量，而且能够消耗掉大量电厂废料，具有很好的社会效益及经济效益。同时，将废弃黏土砖磨细至粒径<0.075mm 的废砖粉，部分取代水泥来制备再生砂浆，也具有极大的社会效益及经济效益。与粉煤灰相似的是，有关学者也指出，废砖粉作为矿物掺和料，能在一定程度上改善砂浆的流变性能。

1.3.2 再生砂浆力学性能研究现状

再生预拌砂浆的力学性能主要包括抗压强度与拉伸黏结强度。阚涛等[25-27]研究表明，随着水泥用量的增加，再生砂浆抗压、抗折强度均随之提高。由于再生砂内部微裂缝较多，养护至后期时，再生砂浆强度增长要小于天然砂制备的砂浆。高志楼[28]通过研究石粉的细度以及掺量对砂浆抗压强度的影响发现：当石粉掺量为 25% 时，随着石粉细度的增大，砂浆的抗压强度也随之增大；而当石粉掺量为 55% 时，砂浆的抗压强度反而随着石粉细度的增大而不断下降。张亚涛等[29]研究表明，在相同条件下进行标准养护360d，当粉煤灰掺量从 0% 增加到 40% 时，砂浆和混凝土的抗压强度均表现为随着龄期的增加而增大，且都表现为抗压强度随着粉煤灰掺量的增加呈现出先增大后减小的趋势，同时抗压强度最大值对应的粉煤灰掺量也一致。黄天勇等[30]研究发现，以再生粉料取代水泥，当取代量为11％时，再生砂浆的抗压强度达到峰值，且高于基准再生砂浆抗压强度，主要是因为再生粉料合理的颗粒级配可以与水泥、粉煤灰及再生细骨料合理搭配，改善孔隙结构以提高强度。

李俊文[31]研究表明，将砂子含泥量从0％增加到20％时，对砂浆拉伸黏结强度影响非常大，拉伸黏结强度值从0.39MPa下降到0.1MPa。主要是因为含泥量的增加降低了骨料与水泥浆体的黏结力。黄恺[32]通过试验指出粉煤灰对砂浆的流动性有明显的增强作用，在用作黏结砂浆使用时，粉煤灰最大掺和量在20％时也能够满足要求。同时，由于温度以及湿度对砂浆的拉伸黏结强度影响较大。王培铭等[33]研究结果表明，随着湿度的增大，羟乙基甲基纤维素与乙烯-醋酸乙烯共聚物复掺改性水泥砂浆的黏结强度呈现先增大后减小的趋势。温度由20℃增加到80℃时，砂浆的黏结强度会逐渐降低，但是较高温度的情况下能减弱高湿度对羟乙基甲基纤维素与乙烯-醋酸乙烯共聚物改性水泥砂浆黏结强度的不利影响。诸多研究[34-36]表明，养护温度和湿度会直接影响水泥的水化程度及聚合物在改性过程的形态和效果，对聚合物改性水泥砂浆的微观结构产生影响，从而影响砂浆的拉伸黏结强度。

1.3.3 再生砂浆耐久性能研究现状

再生预拌砂浆的耐久性主要包括砂浆的抗冻性和干燥收缩性。偏高岭土和粉煤灰作为常见的火山灰质材料，将其作为胶凝材料取代水泥不仅可以降低碳排放、降低建筑成本，还可以降低混凝土和砂浆的水化放热，可以显著地提高混凝土和砂浆的耐久性。陈松等[37]研究表明，在砂浆中掺入引气剂可以改善内部孔隙结构以提高砂浆的抗冻性，同时引气剂掺量在6％以内时，砂浆的抗冻性随着引气剂掺量的提升而提升。由于机制砂以及再生砂中含有大量的石粉和再生微粉，孔凌宇等[38]通过研究石粉含量对机制砂水泥砂浆抗冻性能的影响得出如下结论：（1）随着石粉含量的增加，不同强度等级的水泥砂浆的质量损失率均呈现先下降后增加的趋势；（2）不同强度等级的水泥砂浆，其最佳石粉掺量不同。钱晓倩等[39]通过采用标准砂浆构件进行试件的干燥收缩测试得出如下结论：（1）干燥收缩试验时相对湿度对砂浆的收缩率影响十分显著。在研究减水剂对砂浆和混凝土收缩影响时，不同的相对湿度条件可能导致完全相反的试验结果，因此，试验过程应严格控制相对湿度。（2）掺减水剂砂浆的早期收缩增长率较快。阎培渝等[40-41]研究表明，混凝土和砂浆中掺加减缩剂，在降低混凝土和砂浆收缩的同时，对混凝土和砂浆的工作性能影响也较小。由于现在建筑材料的价格普遍上涨，因此在研究再生预拌砂浆的收缩时可以考虑用石粉取代部分水泥来达到降低成本的目的。梁娜等[42]通过对石粉掺量以及水灰比对砂浆收缩的研究发现：（1）不同水灰比所对应的最佳石粉掺量不同；（2）水灰比越大砂浆的收缩反而越小；（3）采用低掺量的石粉通过内掺法取代水泥可以降低砂浆的收缩，同时石粉对砂浆早期的收缩性能影响较大。

参考文献

［1］张小娟．国内城市建筑垃圾资源化研究分析［D］．西安：西安建筑科技大学，2013.

［2］RAKSHVIR M, BARAI S V. Studies on recycled aggregates-based concrete［J］. Waste Management and Research, 2006, 24（3）: 225-233.

［3］马丽星．对我国建筑垃圾处理制度的思考［J］．江西建材，2015（24）: 304＋306.

［4］左亚．中国建筑垃圾资源化利用的现状研究及建议［D］．北京：北京建筑大学，2015.

［5］MROUEH U M, ESKOLA P, LAINE Y J. Life-cycle impacts of the use of industrial by-products in road and earth construction［J］. Waste Manage, 2001, 21（3）: 271-277.

［6］周文娟，陈家珑，路宏波．我国建筑垃圾资源化现状及对策［J］．建筑技术，2009，40（8）: 741-744.

［7］邸芃，付翠萍．废弃混凝土破碎工艺及再生骨料的利用研究［A］．中国环境科学学会．2014中国环境科学学会学术年会（第七章）［C］.2014中国环境科学学会学术年会（第七章）：中国环境科学学会，2014: 5.

［8］鄢朝勇，叶建军．用固体废弃物配制生态建筑砂浆的试验研究［J］．混凝土，2012（9）: 109-111＋128.

［9］刘凤利，刘俊华，张承志．废陶瓷再生砂对砂浆抗压强度影响的试验研究［J］．混凝土，2012（1）: 96-99.

［10］陈宗平，王妮，郑述芳，等．再生细骨料水泥砂浆的力学性能研究［J］．混凝土，2011（8）: 115-117＋120.

［11］易海林．机制砂在湿拌砂浆中的应用研究［J］．江西建材，2015（11）: 3-5.

［12］郑娟荣，谷迪．砂的性质对干混抹灰砂浆性能影响的试验研究［J］．混凝土，2015（7）: 104-106＋110.

［13］刘俊华，刘凤利，张承志．废陶瓷再生混合砂砂浆的干缩性能［J］．混凝土与水泥制品，2015（4）: 54-58.

［14］段邦政，鄢朝勇，朱攀，等．再生砂对砂浆的施工和易性及抗压强度的影响［J］．粉煤灰综合应用，2011（3）: 17-19.

［15］李如雪，李培植．再生细骨料不同取代率对砂浆强度的影响［J］．公路交通科技（应用技术版），2011，7（10）: 163-164.

［16］HIROMICHI M, YASUTAKA S, YUICHIRO K. The effect of microstructure on strength and durability of mortar incorporating recycled fine aggregate［J］. Doboku Gakkai Ronbunshuu E, 2006, Vol. 62（1）: 230-242.

［17］OGAWA H, NAWA T, OHYA K, et al. Research into a method for improving the quality of recycled fine aggregate by selectively removing the brittle defects［J］. Journal of Japan Society of Civil Engineers, Ser. E2（Materials and Concrete Structures），2011, 67（2）: 213-227.

［18］李秋义，秦原．一种利用废弃混凝土制备高品质再生细骨料的方法：201010527830.1［P］. 2010-11-1.

[19] PEDRO D，BRITO J D，EVANGELISTA L. Performance of concrete made with aggregates recycled from precasting industry waste：influence of the crushing process [J]．Materials & Structures，2015，48 (12)：3965-3978.

[20] 谢东升．高性能混凝土抗碳化特性及相关性能的研究 [D]．南京：河海大学，2005.

[21] 左文銮，魏勇，范建锋，等．掺粉煤灰的砂浆和同参数混凝土碳化相关性研究 [J]．粉煤灰综合利用，2014 (4)：39-41+46.

[22] 郝成伟，罗毅，姜蕾．辅助性胶凝材料在水泥工业中的应用研究 [J]．皖西学院学报，2013，29 (2)：63-67.

[23] 邝为民．工程材料 [M]．北京：中国铁道出版社，2001：32-37.

[24] 葛智，王昊，郑丽，等．废黏土砖粉混凝土的性能研究 [J]．山东大学学报（工学版），2012，42 (1)：104-105+108.

[25] 阚涛，李侠，周晓静，等．水泥掺量对再生水泥砂浆力学性能的影响 [J]．山东交通学院学报，2018，26 (1)：86-91.

[26] 王军强，陈年和，蒲琪．再生混凝土强度和耐久性能试验 [J]．混凝土，2007 (5)：53-56.

[27] 崔正龙，路沙沙，汪振双．再生骨料特性对再生混凝土强度和碳化性能的影响 [J]．建筑材料学报，2012，15 (2)：264-267.

[28] 高志楼．石粉对砂浆扩展度及抗压强度影响研究 [J]．科技视界，2017 (26)：60-62.

[29] 张亚涛，秦岭．掺加粉煤灰的砂浆和混凝土抗压强度相关性研究 [J]．水泥工程，2018，185 (5)：88-90.

[30] 黄天勇，侯云芬．再生细骨料中粉料对再生砂浆抗压强度的影响 [J]．东南大学学报（自然科学版），2009 (39)：279-282.

[31] 李俊文．砂子含泥量对砌筑粘结砂浆性能影响的研究 [J]．江西建材，2015 (8)：8+10.

[32] 黄恺．纤维素醚与掺合料在砂浆中的应用技术研究 [D]．济南：山东建筑大学，2013.

[33] 王培铭，寿梦婕．高温条件下不同养护湿度对聚合物改性水泥砂浆拉伸粘结强度的影响 [J]．新型建筑材料，2018 (1)：54-58.

[34] KJELLSEN K O，DETWILER R J，GJORV O E. Development of micro-structures in plain cement pastes hydrated at different temperatures [J]．Cement & Concrete Research，1991，21 (1)：179-189.

[35] PETIT J Y，COMELLI B. Effect of formulation parameters on adhesive properties of ANSI 118-15 and 118-11compliant tile adhesive mortars [J]．International Journal of Adhesion & Adhesives，2015，66：73-80.

[36] PIQUE T M，BAUEREGGER S，PLANK J. Influence of temperature and moisture on the shelf-life of cement admixed with redispersible polymer powder [J]．Construction & Building Materials，2016，115：336-344.

[37] 陈松，李伟龙，王起才．水泥砂浆含气量对孔隙特征以及抗冻性影响的研究 [J]．硅酸盐通报，2014，33 (6)：1293-1297.

[38] 孔凌宇，王磊，韩冰．石粉含量对机制砂水泥砂浆抗冻性能的影响 [J]．河南理工大学学报（自然科学版），2015，34 (5)：717-721.

[39] 钱晓倩，詹树林，孟涛，等．掺合料与减缩剂对混凝土早期收缩的影响 [J]．沈阳建筑大学学

报（自然科学版），2005，20（6）：692-696.

[40] 阎培渝，余成行，王强，等. 高强自密实混凝土的减缩措施 [J]. 硅酸盐学报，2015，43（4）：363-367.

[41] 阎培渝，陈志城. 不同水胶比的粉煤灰混凝土的自收缩 [J]. 硅酸盐学报，2014，42（5）：585-589.

[42] 梁娜，张晓燕，孙丽，等. 石粉替代水泥掺量对砌筑砂浆收缩性能的影响 [J]. 混凝土，2011（8）：121-122＋134.

2　原材料与配合比

2.1　再生砂浆的种类

砂浆按照制造方式分为现场拌制砂浆和预拌砂浆。

其中现场拌制砂浆是指在施工现场将骨料、胶凝材料、添加剂按比例混合后加水形成的拌和物，预拌砂浆则是工厂化专业生产的砂浆。

1. 按其生产方式和物理性质分类

可分为湿拌砂浆和干混砂浆。

（1）湿拌砂浆

由专业生产厂家生产，采用经筛分处理的骨料（机制砂、再生细骨料、天然砂等）、胶凝材料、填料、掺和料、外加剂、水以及其他组分，按照预先确定的比例和加工工艺经计量、拌制后，用搅拌车送至施工现场，并在规定时间内使用的拌和物。

湿拌砂浆只能生产普通砂浆，适合较大的作业面同时施工同一种级配砂浆，投资少，商品混凝土搅拌站经过改造即可。由带搅拌装置的运输车运到工地储存在不吸水的密闭容器内，在规定时间内使用。有运输和储存期限制、损耗较大（一般为 5%～10%）、落地灰较大等问题；湿砂子筛分级配问题；运输耗能问题（每吨湿拌砂浆中含水 180kg，比干混砂浆多 15%运输量）；施工质量的把握相对干混砂浆困难，存在现场加水问题[1]。

（2）干混砂浆

由专业生产厂家生产，采用经筛分处理的干燥骨料（机制砂、再生细骨料、天然砂等）、胶凝材料、填料、掺和料、外加剂以及其他组分，按照规定配比加工制成的一种混合物，分袋装砂浆和散装砂浆。

干混砂浆能生产普通和特种砂浆，随拌随用，储存期长。损耗一般为 3%～5%，干砂宜筛分，级配控制容易；计量精度高，质量得以保证。

2. 按其使用功能分类

可分为砌筑砂浆、抹灰砂浆、地面砂浆、防水砂浆。

（1）砌筑砂浆

将砖、石、砌块等块材砌筑成为砌体的预拌砂浆，分为普通砌筑砂浆和薄层砌筑砂浆（干混）。普通砌筑砂浆是指砂浆层厚度大于 5mm 的砌筑砂浆；薄层砌筑砂浆是指砂浆层厚度不大于 5mm 的砌筑砂浆。

（2）抹灰砂浆

涂抹在建（构）筑物表面的预拌砂浆，分为普通抹灰砂浆和薄层抹灰砂浆（干混）。普通抹灰砂浆是指砂浆层厚度大于 5mm 的抹灰砂浆；薄层抹灰砂浆是指砂浆层厚度不大于 5mm 的抹灰砂浆。机械喷涂抹灰是指采用泵送方式将砂浆拌和物沿管道输送至喷枪出口，再利用压缩空气将砂浆喷涂至作业面上的抹灰工艺。

（3）地面砂浆

适用于普通及特殊场合的地面找平、装饰等工程的预拌砂浆。

（4）防水砂浆

用于有抗渗要求部位的预拌砂浆。

2.2 原材料

再生砂浆的原材料包括胶凝材料、骨料、矿物掺和料和添加剂。再生砂浆的原料应具有使用安全性，不应对人体、生物、环境造成危害，其放射性指标应符合《建筑材料放射性核素限量》（GB 6566—2010）[2] 的要求，释放氨限量应符合《混凝土外加剂中释放氨的限量》（GB 18588—2001）[3] 的要求。胶凝材料和骨料是砂浆的基本组分，而矿物掺和料和添加剂则在降低砂浆成本、改善砂浆性能等方面具有独特的作用，尤其是一些特种的砂浆添加剂（如保水增稠剂、可再分散胶粉等）则是再生砂浆重要的组分，对再生砂浆的性能起着重要的作用。各种原材料在砂浆中分别发挥各自的作用，并通过相互协同形成产品的整体性能。对于砂浆中各种组分物理化学性质、作用机理以及在砂浆中的要求的全面了解，是掌握再生砂浆技术体系的基础。

2.2.1 胶凝材料

无机胶凝材料主要有水泥、石膏、石灰等。水泥具有水硬性特征，也就是加水调成浆体之后，其浆体可在空气中硬化，而且能更好地在水中硬化，保持和发展其强度。而气硬性胶凝材料，包括石膏、石灰等，加水调成浆体之后，只能在空气中硬化，在水中强度的发展将受到影响，即使已经硬化的石膏或石灰制品，在水的环境中其强度也将受到影响，即其耐水性较差。胶凝材料的种类将影响再生砂浆的使用范围。如石膏砂浆，由于其耐水性不好，因而在室外环境不宜使用。在具体的生产实践中，为满足产品性能的需要，不同无机胶凝材料也可混合使用。在有些配方中，几种胶凝材料可配合使用。其中，某些工业固体废弃物因为具有潜在的化学活性，经有效的手段激发后可作为胶凝材料使用。

1. 水泥

一般试验及实践生产中经常选用的胶凝材料为通用硅酸盐水泥，通用硅酸盐水泥

13

以熟料和石膏以及混合材料混合粉磨而成。熟料是通用硅酸盐水泥的关键组分，是以黏土、石灰石等的混合物为主料，经过高温煅烧后得到的，以矿物集合体形式存在。硅酸盐水泥熟料的矿物组成为硅酸三钙（$3CaO \cdot SiO_2$，简写成 C_3S）、硅酸二钙（$2CaO \cdot SiO_2$，简写成 C_2S）、铝酸三钙（$3CaO \cdot Al_2O_3$，简写成 C_3A）、铁铝酸四钙（$4CaO \cdot Al_2O_3 \cdot Fe_2O_3$，简写成 C_4AF）。其中，硅酸三钙和硅酸二钙合称为硅酸盐矿物，约占整个矿物的 75%；铝酸三钙和铁铝酸四钙合称为熔剂矿物，约占整个矿物的 22%。此外，还含有少量的方镁石、玻璃体和游离氧化钙等。其熟料主要矿物的性质见表 2-1。

表 2-1   硅酸盐水泥熟料主要矿物的性质

矿物名称	硅酸三钙	硅酸二钙	铝酸三钙	铁铝酸四钙
水化反应速度	快	慢	最快	快
强度	高	早期强度低，后期强度发展速度超过硅酸三钙，强度绝对值等同于硅酸三钙	低	低（含量多时对抗折强度有利）
水化热	较高	低	最高	中

（1）碱含量（选择性指标）

水泥中碱含量按 $Na_2O + 0.658K_2O$ 计算值表示。若使用活性骨料，用户要求提供低碱水泥时，水泥中的碱含量应不大于 0.60% 或由买卖双方协商确定。

（2）物理指标

① 凝结时间。硅酸盐水泥初凝不短于 45min，终凝不长于 390min；普通硅酸盐水泥、矿渣硅酸盐水泥、火山灰质硅酸盐水泥、粉煤灰硅酸盐水泥和复合硅酸盐水泥初凝不短于 45min，终凝不长于 600min。

② 安定性。沸煮法合格。

③ 强度。不同品种不同强度等级的硅酸盐水泥，其不同龄期的强度应符合表 2-2 的规定。

表 2-2   硅酸盐水泥的强度等级

品种	强度等级	抗压强度（MPa）		抗折强度（MPa）	
		3d	28d	3d	28d
硅酸盐水泥	42.5	≥17.0	≥42.5	≥4.0	≥6.5
	42.5R	≥22.0		≥4.5	
	52.5	≥22.0	≥52.5	≥4.5	≥7.0
	52.5R	≥27.0		≥5.0	
	62.5	≥27.0	≥62.5	≥5.0	≥8.0
	62.5R	≥32.0		≥5.5	

续表

品种	强度等级	抗压强度（MPa）		抗折强度（MPa）	
		3d	28d	3d	28d
矿渣硅酸盐水泥 火山灰质硅酸盐水泥 粉煤灰硅酸盐水泥 复合硅酸盐水泥	32.5	≥12.0	≥32.5	≥3.0	≥5.5
	32.5R	≥17.0		≥4.0	
	42.5	≥17.0	≥42.5	≥4.0	≥6.5
	42.5R	≥22.0		≥4.5	
	52.5	≥22.0	≥52.5	≥4.0	≥7.0
	52.5R	≥23.0		≥4.5	
复合硅酸盐水泥	42.5	≥17.0	≥42.5	≥4.0	≥6.5
	42.5R	≥22.0		≥4.5	
	52.5	≥22.0	≥52.5	≥4.5	≥7.0
	52.5R	≥27.0		≥5.0	

④ 细度（选择性指标）。硅酸盐水泥和普通硅酸盐水泥以比表面积表示，不小于 $300m^2/kg$；矿渣硅酸盐水泥、火山灰质硅酸盐水泥、粉煤灰硅酸盐水泥和复合硅酸盐水泥以筛余表示，$80\mu m$ 方孔筛筛余不大于10%或 $45\mu m$ 方孔筛筛余不大于30%。

再生砂浆一般宜选用硅酸盐水泥、普通硅酸盐水泥。当选用其他种类水泥时，应注意控制混合材和掺和料的总量，以保证砂浆的性能。

2. 石灰

石灰是在土木工程中使用较早的矿物胶凝材料之一，其主要化学成分是CaO，含有少量的MgO等杂质。外观上石灰是白色微黄、具有疏松结构的块状物体。

（1）石灰的种类

石灰可由石灰石（主要成分为 $CaCO_3$）在适当温度范围内煅烧而得到，煅烧后的生石灰主要成分为CaO。块状的生石灰经加水消解可制成熟石灰（也称消石灰）或制成石灰膏。因石灰石分布很广，石灰生产工艺简单，成本低廉，所以在土木工程中一直应用很广。

石灰的另一来源是化学工业副产品。例如，用水作用于碳化钙（即电石）以制取乙炔时所产生的电石渣，其主要成分是氢氧化钙，即消石灰（或称熟石灰）。

根据石灰的生产方法，石灰有以下四个品种：

① 块状生石灰。由石灰石煅烧而成的白色疏松结构的块状物，主要成分为CaO。

② 生石灰粉。由块状生石灰磨细而成，主要成分为CaO。

③ 消石灰粉（也叫熟石灰粉）。将生石灰用适量的水经消化和干燥制成的粉末，主要成分为 $Ca(OH)_2$。

④ 石灰膏。将块状生石灰用过量水（为石灰体积的3～4倍）消化，或将消石灰粉与水拌和，所得具有一定黏稠度的膏状物，主要成分为 $Ca(OH)_2$ 和水。

石灰石煅烧后首先得到块状生石灰。在实际使用时，通常要根据用途及施工条件将块状生石灰加工成不同的物理形态，以便使用。

（2）石灰的技术指标

建筑工程中所用的石灰分为三个品种：建筑生石灰、建筑生石灰粉和建筑消石灰粉。干混砂浆中，一般采用建筑消石灰粉。

根据我国建材行业标准《建筑消石灰》（JC/T 481—2013）的规定，消石灰粉分为钙质消石灰（MgO 含量≤5%）、镁质消石灰（MgO 含量>5%）。

（3）应用

作为一种传统胶凝材料，由石灰、砂子加植物纤维等所构成的石灰砂浆曾得到广泛应用。但近年来，石灰在我国干混砂浆中的应用并不普遍，仅在保温砂浆中得到了少量应用。其原因有两条：其一是我国市场上的消石灰质量不稳定，使用于预拌砂浆时，抹面砂浆可能产生爆点，砌筑砂浆因同样原因可能使砌体的强度受到影响；其二是质量好的消石灰价格较高，难以和粉煤灰、矿渣等矿物掺和料竞争。和国内情形不同，国外干混砂浆产品中，消石灰应用广泛。

3. 石膏

石膏是一种历史悠久的胶凝材料，与石灰、水泥并列为无机胶凝材料中的三大支柱。由于其燃料消耗、建设投资、设备费用等均较低，且生产效率高、质量轻、隔声、耐火、绝热、资源丰富，在建筑材料领域得到广泛应用。尤其是近年来脱硫石膏的大量应用，为石膏产品的开发提供了廉价的资源，对节约建材资源，促进产业发展起到了积极的作用。

常用的石膏胶凝材料的种类有建筑石膏、高强石膏、无水石膏等。

（1）建筑石膏

建筑石膏是将天然二水石膏加热至 107～170℃，经脱水、陈化转变而成，以 $\beta\text{-}CaSO_4 \cdot 1/2H_2O$ 为主要成分，不需要加任何外加剂的胶凝材料。其主要性能如下：

① 凝结硬化快。初凝不少于 3min，终凝不多于 30min。必要时可加缓凝剂调凝。

② 孔隙率大，强度低。抗压强度为 3～6MPa。

③ 建筑石膏硬化体隔热性和保温性良好，耐水性差。导热系数为 0.121～0.205W/（m·K），软化系数为 0.30～0.45。

④ 防火性能好。非燃烧体。

⑤ 建筑石膏硬化时体积略有膨胀。膨胀 0.05%～0.15%。微膨胀可使建筑石膏硬化体表面光滑饱满，干燥时不开裂。

⑥ 装饰性、加工性好。根据《建筑石膏》（GB/T 9776—2008），建筑石膏按原材料标准分为三类，分别为天然建筑石膏（N）、磷建筑石膏（P）、脱硫建筑石膏（S）。

强度等级：建筑石膏按 2h 抗折强度分为 3.0MPa、2.0MPa、1.6MPa 三个级别。

组成：建筑石膏组成中，β型半水硫酸钙含量应该不小于 60.0%。

细度：建筑石膏细度应以 0.2mm 方孔筛，筛余不大于 10%，初凝时间≤3min，终凝时间≤30min。

各强度等级石膏必须符合表 2-3 的规定。

表 2-3　建筑石膏的强度要求

强度等级	2h 抗折强度（MPa）	2h 抗压强度（MPa）
3.0	3.0	6.0
2.0	2.0	4.0
1.6	1.6	3.0

工业副产石膏（磷石膏和脱硫石膏）必须进行预处理，符合国家相关标准要求后才能作为建筑石膏使用。K_2O、Na_2O、MgO、P_2O_5、F 总量的允许含量在标准基础上由商家与买家协商确定，放射性必须符合《建筑材料放射性核素限量》（GB 6566—2010）的规定。

建筑石膏在粉刷石膏产品、黏结砂浆和自流平砂浆中得到了较广泛的应用。

（2）高强石膏

高强石膏是将二水石膏置于加压水蒸气条件下，或在酸和盐的溶液中加热而形成的 α 型半水石膏变体。用于干混砂浆时，其技术性能可参照《建筑石膏》（GB/T 9776—2008）标准。

（3）无水石膏

无水石膏又称为硬石膏，有天然的和人工制取的两种。后者是由石膏或化学石膏经脱水而形成，分为硬石膏Ⅰ、硬石膏Ⅱ、硬石膏Ⅲ。天然硬石膏则在自然界中主要形成于内海以及盐湖中，是化学沉积作用的结果。

与二水石膏相比，硬石膏的溶解度较大，但是其溶解速度却十分缓慢，一般需要40d 以上才可达到溶解平衡。由于硬石膏在一般情况下水化以及凝固硬化很慢，甚至长期不凝结，不具有强度，因此用硬石膏做胶凝材料时，必须经过活化处理。

2.2.2　骨料

骨料，也称集料，指的是在混凝土或砂浆中起骨架或填充作用的、由不同尺寸的颗粒组成的混合体。根据其功能，骨料可分为普通骨料、装饰骨料、轻质骨料等。普通骨料按粒径大小分为粗骨料和细骨料：粒径≥4.75mm 为粗骨料，粒径＜4.75mm 为细骨料。预拌砂浆所用的骨料一般为细骨料。随着我国循环经济的发展，建筑垃圾的循环使用也被提到了一个新的高度。近年来，由建筑废弃物制造的再生骨料也得到了发展[4]。

1. 废砖再生细骨料

破碎后的砖骨料，主要成分是黏土砖颗粒及附着在上面的少量砌筑砂浆，黏土砖经破碎后形成的骨料多以棱角状形式存在，而附着在上面的砂浆经破碎后颗粒形态为片状。哈尔滨工业大学王慧[5]选取废弃黏土砖强度为 12.5～15MPa，附着在上面的少量砂浆强度约为 5MPa，黏土砖破碎后筛选颗粒直径小于 5mm 的砖骨料作为再生细骨料，根据下面的试验方法计算废砖再生细骨料细度模数。

称取 500g 试样，精确至 1g。根据孔径大小按照顺序置于套筛（附筛底）上，将试样倒入套筛中。将套筛置于摇筛机上摇 10min；逐一取下套筛进行手筛，注意手筛时按照大小顺序进行，通过的砂子并入下一号筛中，与下一号筛同时进行手筛，直到各筛全部筛完为止。注意每筛手筛时以每分钟过筛量小于试样总量 0.1% 为准。计算各筛筛余百分率和累计筛余百分率，精确至 0.1%。根据公式（2-1）计算砂的细度模式：

$$M_x = \frac{(A_2 + A_3 + A_4 + A_5 + A_6) - 5A_1}{100 - A_1} \qquad (2\text{-}1)$$

式中 M_x——细度模数；

A_1、A_2、A_3、A_4、A_5、A_6——4.75mm，2.36mm，1.18mm，600μm，300μm，150μm 筛的累计筛余百分率。

细度模数 2.3～3.0 为中砂，干混砂浆宜采用级配连续的中砂配制。根据规范要求对试验用废弃黏土砖骨料进行筛分，计算细度模数及级配区（表 2-4）。

表 2-4 废砖再生细骨料与天然砂累计筛余比较

方孔筛尺寸（mm）	黏土砖骨料		天然砂	
	分计筛余（%）	累计筛余（%）	分计筛余（%）	累计筛余（%）
4.75	0	0	1.9	1.9
2.36	17.2	17.2	8.1	10.0
1.18	20.3	37.5	14.5	24.5
0.6	23.45	60.95	32.7	57.2
0.3	18.74	79.69	31.0	88.2
0.15	12.50	92.19	10.1	98.3
<0.15	7.81	—	1.7	—

根据公式（2-1）计算可得，黏土砖再生细骨料细度模数为 2.9。

根据《建设用砂》（GB/T 14684—2011）中规定，砂的颗粒级配应符合表 2-5、表 2-6 规定。

表 2-5 颗粒级配

砂的分类	天然砂			机制砂		
级配区	1 区	2 区	3 区	4 区	5 区	6 区
方筛孔	累计筛余（%）					
4.75mm	10～0	10～0	10～0	10～0	10～0	10～0
2.36mm	35～5	25～0	15～0	35～5	25～0	15～0
1.18mm	65～35	50～10	25～0	63～35	50～10	25～0
600μm	85～71	70～41	40～16	85～71	70～41	40～16
300μm	95～80	92～70	85～55	95～80	92～70	85～55
150μm	100～90	100～90	100～90	97～85	94～80	94～75

表 2-6 级配类别

类别	Ⅰ类	Ⅱ类	Ⅲ类
级配区	2 区	1、2、3 区	

根据《建设用砂》（GB/T 14684—2011）中的规定，绘制废弃黏土砖骨料颗粒级配图，与Ⅰ区上下限进行比较，如图 2-1 所示。

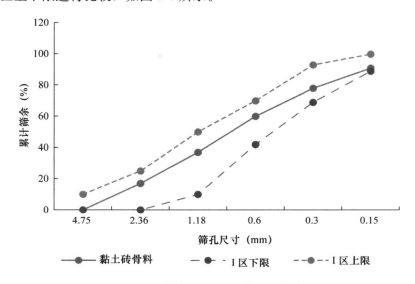

图 2-1 砖骨料与Ⅰ区上下限比对曲线图

由表 2-5、表 2-6 及图 2-1 可直观地看出本课题所用废弃黏土砖骨料，细度模数属中砂范围的Ⅰ类砂，颗粒级配良好。

依据《混凝土和砂浆用再生细骨料》（GB/T 25176—2010），废弃砖骨料物理性能见表 2-7。

表 2-7 废弃砖骨料物理性能

项目	Ⅰ类	Ⅱ类	Ⅲ类
表观密度/（kg/m³）	＞2450	＞2350	＞2250
堆积密度/（kg/m³）	＞1350	＞1300	＞1200
孔隙率（%）	＜45	＜48	＜52

废弃黏土砖骨料与天然砂经试验测得数据见表 2-8。

表 2-8 废弃黏土砖骨料与天然砂物理性能对比表

类别	表观密度/（kg/m³）	堆积密度/（kg/m³）	吸水率（%）
废弃黏土砖骨料	2450	1260	24
天然砂	2600	1500	2.3

由表 2-8 可知，废弃黏土砖骨料的表观密度、堆积密度均小于天然砂，然而吸水率却较天然砂大得多，是天然砂的十倍多。这与砖骨料自身表面粗糙、多棱角、孔隙率大及含有较多细粉有关。

2. 废混凝土再生细骨料

哈尔滨工业大学王慧[5]课题中再生细骨料为废弃混凝土（强度等级为 C10～C15）经破碎后获得的颗粒直径小于 4.75mm 的再生细骨料，根据《建设用砂》（GB/T 14684—2011）对混凝土再生细骨料进行筛分，并与天然砂累计筛余进行比较，结果见表 2-9，与Ⅰ区上下限比较如图 2-2 所示。

表 2-9　混凝土再生细骨料与天然砂累计筛余比较

方孔筛尺寸（mm）	混凝土再生细骨料		天然砂	
	分计筛余（%）	累计筛余（%）	分计筛余（%）	累计筛余（%）
4.75	0	0	1.9	1.9
2.36	12.6	12.6	8.1	10.0
1.18	16.4	29.0	14.5	24.5
0.6	21.2	50.2	32.7	57.2
0.3	25.2	75.4	31.0	88.2
0.15	15.1	90.5	10.1	98.3
<0.15	13.2		1.7	

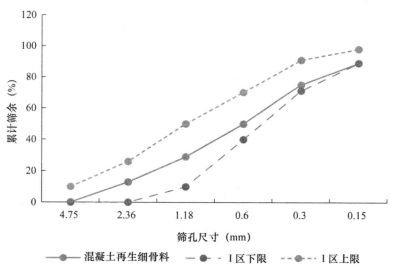

图 2-2　混凝土再生细骨料与Ⅰ区级配曲线图

根据《建设用砂》（GB/T 14684—2011）可知，所用的混凝土再生细骨料颗粒级配良好，级配区属Ⅰ类，细度模数为 2.6，符合中砂的细度模数范围。

混凝土再生细骨料与天然砂物理性能经试验测得的数据见表 2-10。

表 2-10 混凝土再生细骨料与天然砂物理性能对比表

类别	表观密度/（kg/m³）	堆积密度/（kg/m³）	吸水率（%）
混凝土再生细骨料	2510	1360	10.7
天然砂	2600	1500	2.3

由表 2-10 可知，混凝土再生细骨料的表观密度、堆积密度均小于天然砂，然而吸水率却比天然砂大得多，约为天然砂的 5 倍。依据《混凝土和砂浆用再生细骨料》（GB/T 25176—2010）中分类标准，混凝土再生细骨料属 I 类再生骨料。

2.2.3 矿物掺和料

矿物掺和料是指在配制混凝土时加入的能改变新拌混凝土和硬化混凝土性能的无机矿物细粉，同理，该定义也适用于砂浆。国外将这种材料称为辅助胶凝材料。矿物掺和料按和水泥能否进行二次水化作用形成强度分为活性矿物掺和料和非活性矿物掺和料。按化学活性分类，矿物掺和料可分为胶凝性（或称潜在水硬活性）矿物掺和料、火山灰活性矿物掺和料和惰性掺和料。胶凝性矿物掺和料有矿渣粉、高钙灰等；火山灰质活性矿物掺和料有粉煤灰、硅灰等；惰性掺和料有石灰石粉、石英粉等。活性矿物掺和料中，以粉煤灰、粒化高炉矿渣粉、硅灰、沸石粉等材料使用较多[6-7]。

1. 粉煤灰

粉煤灰是由燃烧煤粉的锅炉烟气中收集到的细粉，属于火山灰质活性混合材料，其主要成分是硅、铝和铁的氧化物，具有潜在的水化活性。粉煤灰呈灰褐色，通常为酸性，原灰密度为 $1.77 \sim 2.43 g/cm^3$，比表面积为 $250 \sim 700 m^2/kg$，粉煤灰颗粒多数呈球形，粒径多在 $45 \mu m$ 以下，可以不用粉磨直接用于预拌砂浆。

粉煤灰的化学成分和性能指标不仅受原煤成分的影响，也受到煤粉细度、燃烧状态等因素的影响，不同电厂、不同时间排出的粉煤灰的成分和性能差别很大。

按粉煤灰收集方式的不同，分为干排灰和湿排灰两种。湿排灰含水量大，活性降低较多，质量不如干排灰。按收集方法的不同，分静电收尘灰和机械收尘灰两种。静电收尘灰颗粒细、质量好；机械收尘灰颗粒较粗、质量较差。经磨细处理的称为磨细灰，未经加工的称为原状灰。

根据粉煤灰中氧化钙含量的高低，粉煤灰有高钙粉煤灰和低钙粉煤灰之分。由褐煤燃烧形成的粉煤灰，其氧化钙含量较高（一般 CaO＞10%），呈褐黄色，称为高钙粉煤灰，具有一定的水硬性。由烟煤和无烟煤燃烧形成的粉煤灰，其氧化钙含量较低（一般 CaO＜10%），呈灰色或深灰色，称为低钙粉煤灰，一般具有火山灰活性。

低钙粉煤灰来源比较广泛，是当前国内外用量最大、使用范围最广的掺和料。而高钙粉煤灰，由于其中氧化钙含量较高，如使用不当，易造成硬化水泥石膨胀开裂，因此用量较少。在干混砂浆中，也主要应用低钙粉煤灰。

粉煤灰具有潜在的化学活性，颗粒细，且含有大量玻璃体微珠，掺入预拌砂浆中可以发挥活性效应、形态效应和微粒填充效应。

粉煤灰用于预拌砂浆中，应检测其细度、烧失量、需水量比等主要技术指标。参照国家标准《用于水泥和混凝土中的粉煤灰》（GB/T 1596—2017）的要求，预拌砂浆用粉煤灰技术要求见表 2-11。

表 2-11　预拌砂浆用粉煤灰技术要求

序号	指标		级别		
			Ⅰ	Ⅱ	Ⅲ
1	细度 0.045mm 方孔筛筛余（%）	F 类粉煤灰	≤12.0	≤30.0	≤45.0
		C 类粉煤灰			
2	需水量比（%）	F 类粉煤灰	≤95	≤105	≤115
		C 类粉煤灰			
3	烧失量（%）	F 类粉煤灰	≤5.0	≤8.0	≤10.0
		C 类粉煤灰			
4	含水量（%）	F 类粉煤灰	≤1.0		
		C 类粉煤灰			
5	三氧化硫（%）	F 类粉煤灰	≤3.0		
		C 类粉煤灰			

粉煤灰的细度用 0.045mm 方孔筛的筛余百分数表示。粉煤灰的颗粒越细，其活性作用和填充作用发挥得越好。在预拌砂浆中，宜采用Ⅰ级和Ⅱ级粉煤灰，不宜采用Ⅲ级粉煤灰。

需水量比是指按照规定的试验方法，测定砂浆流动性基本相同时，掺粉煤灰后砂浆需水量与不掺粉煤灰的砂浆需水量之比。该值反映了掺入粉煤灰对砂浆流动性的改善能力。试验时，砂浆的配合比为硅酸盐水泥∶粉煤灰∶标准砂＝175g∶75g∶750g，试验方法是测定砂浆流动度达到 130～140mm 时所加水量，试验砂浆需水量与对比砂浆（水泥∶标准砂＝250g∶750g）需水量之比即为该粉煤灰的需水量比。

烧失量是指干燥的粉煤灰试样在高温下（950～1000℃）反复灼烧后至恒量，所损失的质量占试样质量的百分比。烧失量主要反映粉煤灰中炭的含量，粉煤灰中含碳量过高，不仅降低粉煤灰有效成分的比率，而且还影响砂浆中外加剂的使用效果，也可能对砂浆性能产生不良影响。当粉煤灰中含碳量过高时，应通过筛分、浮选、静电分离、燃烧等方法除去过多的炭。

2. 粒化高炉矿渣粉

粒化高炉矿渣粉的主要化学成分为二氧化硅、氧化钙和三氧化二铝。一般情况下，这三种氧化物是主体，另外还含有少量氧化镁、三氧化二铁、氧化钠、氧化钾等。

矿渣粉的活性与其化学成分有很大关系。各钢铁企业的高炉矿渣氧化物的含量存在差别，有碱性、酸性和中性之分，以矿渣中碱性氧化物和酸性氧化物含量的比值 M 来区分：

$$M=（CaO＋MgO＋Al_2O_3）/SiO_2$$

M 大于 1 为碱性矿渣；M 小于 1 为酸性矿渣；M 等于 1 为中性矿渣。酸性矿渣的胶凝性差，而碱性矿渣的胶凝性好，因此，矿渣粉应选用碱性矿渣，其 M 值越大反映其活性越好。

根据国家标准《用于水泥中的粒化高炉矿渣》（GB/T 203—2008），可用质量系数 K 来评价矿渣质量：

$$K=（CaO＋MgO＋Al_2O_3）/（SiO_2＋MnO＋TiO_2）$$

K 表达的是矿渣微粉中碱性氧化物含量与酸性氧化物含量之比，它反映的是矿渣微粉活性的高低，一般规定：$K \leqslant 1.2$。

目前，矿渣粉的生产有几种不同的工艺，不同工艺制备的矿渣粉的性能存在较大差异。国内大中型生产厂家一般使用大型立式磨，立磨产量高，产品比表面积在 $400\sim430m^2/kg$ 时，粉磨能耗比较经济。

根据国家标准《用于水泥、砂浆和混凝土中的粒化高炉矿渣粉》（GB/T 18046—2017），可以将矿渣粉分为 S105、S95 和 S75 三个等级。矿渣粉的技术要求见表 2-12。

表 2-12　矿渣粉的技术要求

项目		等级		
		S105	S95	S75
密度/（g/cm³）			$\geqslant 2.8$	
比表面积/（m²/kg）		$\geqslant 500$	$\geqslant 400$	$\geqslant 300$
活性指数（%）	7d	$\geqslant 95$	$\geqslant 70$	$\geqslant 55$
	28d	$\geqslant 105$	$\geqslant 95$	$\geqslant 75$
流动度比/%			$\geqslant 95$	
初凝时间比/%			$\leqslant 200$	
含水量（质量分数）（%）			$\leqslant 1.0$	
三氧化硫（质量分数）（%）			$\leqslant 4.0$	
氯离子（质量分数）（%）			$\leqslant 0.06$	
烧失量（质量分数）（%）			$\leqslant 1.0$	
不溶物（质量分数）（%）			$\leqslant 3.0$	
玻璃体含量（质量分数）（%）			$\geqslant 85$	
放射性			$I_{Ra} \leqslant 0.1$ 且 $I_r \leqslant 1.0$	

矿渣粉的细度越高，则颗粒越细，其活性效应发挥得越充分，但颗粒过细需要消耗较多的生产能量，因此细度的选择应根据砂浆种类，以满足要求为宜。

矿渣粉的活性大小用活性指数来衡量。基准胶砂为水泥 450g、ISO 标准砂 1350g、水 225g，掺矿渣粉的受检胶砂为水泥 225g、矿渣粉 225g、ISO 标准砂 1350g、水 225g。受检胶砂相应龄期的强度与基准胶砂相应龄期的强度比为矿渣粉相应龄期的活性指数。

受检胶砂的跳桌流动度与基准胶砂的跳桌流动度之比为矿渣粉的流动度比。

3. 非活性矿物掺和料

非活性矿物掺和料（也即通常所说的填料）是没有活性的。其作用主要是减少胶凝材料用量，降低材料脆性。涉及的常用非活性矿物掺和料包括重质碳酸钙、轻质碳酸钙、石英粉、滑石粉等。目前以石灰石粉的用量较多。

再生砂浆中应用的石灰石粉有两种来源：一种是对粒度没有要求的石灰石粉，一般采用水泥厂中的磨机制备；另一种是对粒度有要求的石灰石粉，根据生产方法的不同，分为重质碳酸钙粉和轻质碳酸钙粉。

利用水泥厂磨机制备的石灰石粉，其比表面积一般为 $300 m^2/kg$。参照日本石灰石粉应用技术委员会提出的质量标准，干混砂浆用石灰石粉质量标准如表 2-13 所示。

表 2-13　石灰石粉质量标准

项目	要求	项目	要求
比表面积/（m^2/kg）	≤250	三氧化硫含量（%）	≤0.5
碳酸钙含量（%）	≤90	水分含量（%）	≤1.0
氧化镁含量（%）	≤5.0		

重质碳酸钙，简称重钙，是用机械方法直接粉碎天然的方解石、石灰石、白垩、贝壳等而制得，密度为 $2.4\sim2.8 g/cm^3$。

根据粒径的大小，可以将重质碳酸钙分为单飞粉（95% 通过 0.047mm 筛）、双飞粉（99% 通过 0.045mm 筛）、三飞粉（99.5% 通过 0.045mm 筛）、四飞粉（99.95% 通过 0.037mm 筛）。

重质碳酸钙颗粒形状不规则，且表面粗糙，粒径分布较宽，粒径较大，平均粒径一般为 $5\sim10\mu m$，颜色随原料不同而变化，晶体结构与原料中碳酸钙的晶体结构相同。

根据重质碳酸钙生产方法的不同，可以将重质碳酸钙分为干磨石粉和湿磨石粉。干磨石粉通过将方解石等天然矿石经开采、选矿、除渣等预处理后，粗碎、细磨、分级而得到，颗粒最小直径一般控制在 $3\mu m$ 左右，小于 $3\mu m$ 则在经济上不可行。干磨生产因没有提纯过程，因此矿石的品位至关重要，必须选择铅、锰、硅、铁含量低的方解石等高纯、高白度的矿石为原料。湿磨是在干法粗碎后，加水及有关助剂后在研磨器中混合研磨，根据要求不同，逐级研磨、浮选等除去矿石中杂质，磨细粒度，提高纯度和白度，制成浆状或膏状产品，也可经分离、干燥制取粉状产品。

轻质碳酸钙，又称沉淀碳酸钙，密度为 $1.1\sim1.4 g/cm^3$，具有颗粒形状规则、粒度分布较窄、粒径小的特点。

根据碳酸钙晶粒形状的不同，可将轻质碳酸钙分为纺锤形、立方形、针形、链形、球形、片形和四角柱形碳酸钙，这些不同晶形的碳酸钙可通过控制反应条件制得。

轻质碳酸钙按其原始平均粒径（d）分为微粒碳酸钙（$>5\mu m$）、微粉碳酸钙（$1\sim5\mu m$）、微细碳酸钙（$0.1\sim1\mu m$）、超细碳酸钙（$0.02\sim0.1\mu m$）、超微细碳酸钙（$<0.02\mu m$）。

就碳酸钙粉体而言，从价格上看，石灰石粉的价格最低，重质碳酸钙的价格次之，轻质碳酸钙的价格最高。因此，需根据干混砂浆的品种来选择适当的种类和细度。

2.2.4 添加剂

在预拌砂浆产品中除了无机胶凝材料、骨料和矿物掺和料之外，还要加入多种有机或无机添加剂。预拌砂浆添加剂就是能显著改善预拌砂浆的各种性能、满足不同的工程要求和施工条件的特殊添加剂。

预拌砂浆添加剂的主要品种有：保水增稠材料（主要有纤维素醚、淀粉醚、砂浆稠化粉）、可再分散胶粉、纤维。添加剂的典型掺量在 0.01%～5%（指添加剂占砂浆配方总量的百分比）的范围内。

在选用预拌砂浆添加剂时，应根据砂浆的性能要求及气候条件，结合砂浆的原材料性能、配合比以及对水泥的适应性等因素选取，并通过试验确定其掺量。因此，添加剂的使用往往需要综合考虑多种因素，但前提是必须保证产品质量符合设计要求。其通常的选用原则是：

① 尽可能使用高效能、高品质的产品，以最低的添加量得到最高的性能改善和品质提高。

② 添加剂必须适应生产设备工艺。不同厂家的生产设备和工艺的差别，可能影响添加剂的分散效果，从而不能很好地发挥效能。

③ 多种添加剂同时使用时必须考虑相互的匹配性。

④ 尽可能使用环保型的添加剂。

1. 保水增稠材料

保水增稠材料是指用于砂浆中改善砂浆可操作性，提高砂浆保持水分能力的非石灰类材料。保水增稠材料可分为有机保水增稠材料和无机保水增稠材料，有机保水增稠材料有纤维素醚和淀粉醚，无机保水增稠材料有砂浆稠化粉。保水增稠材料在砂浆中可发挥如下的作用：

保水增稠材料首先应具备保水能力。预拌砂浆拌和物需要一定的水分，以保证水泥等胶凝材料水化形成水化产物。如果砂浆中水分不能充分保证水泥等胶凝材料水化，那么砂浆黏结强度和抗压强度都将降低，造成砌筑砂浆与块材黏结力变差，抹灰砂浆容易起壳、开裂。

保水增稠材料的另外一个作用是增稠。它与提高砂浆保水性既相关，又有区别。增稠作用主要是提高砂浆的黏性、润滑性、可铺展性、触变性等，使砂浆在外力作用下易变形，在外力消失后保持不变形，从而改善砂浆的可操作性。

（1）纤维素醚

纤维素醚是保水增稠材料中常用的保水增稠组分。纤维素醚是指纤维素上的羟基部分或全部被醚基取代的纤维素衍生物。在干混砂浆中，纤维素醚的掺量一般都很低，但是它能显著改善砂浆拌和物的保水性能和施工性能，是预拌砂浆用保水增稠材料的一种重要组分。

按照醚的取代基化学结构的不同，纤维素醚可分为阴离子型醚、阳离子型醚和非离子型醚。

应用在建材工业的纤维素醚有甲基纤维素醚（MC）、羟丙基甲基纤维素醚（HPMC）、羟乙基甲基纤维素醚（HEMC）、羟乙基纤维素醚（HEC）、羟乙基乙基纤维素醚（EHEC）等。HPMC、HEMC在预拌砂浆产品中得到广泛应用，所占市场份额已超过90%。

① 羟丙基甲基纤维素醚（HPMC）。羟丙基甲基纤维素醚是近年来产量、用量都在迅速增加的纤维素醚品种，是由精制棉经碱化处理后，以环氧丙烷和氯甲烷作为醚化剂，通过一系列反应而制成的非离子型纤维素混合醚，取代度一般为1.2~2.0。其性质因甲基含量和羟丙基含量的比例不同而有差别。

a. 羟丙基甲基纤维素醚易溶于冷水，在热水中溶解困难。但它在热水中的凝胶化温度要明显高于甲基纤维素醚。在冷水中的溶解情况较甲基纤维素醚也有大的改善。

b. 羟丙基甲基纤维素醚的黏度与其相对分子质量的大小有关，相对分子质量大则黏度高。温度同样会影响其黏度，温度升高，黏度下降，但其黏度受温度的影响比甲基纤维素醚低。其溶液在室温下储存是稳定的。

c. 羟丙基甲基纤维素醚的保水性取决于其添加量、黏度等，相同掺量下羟丙基甲基纤维素醚的保水率高于甲基纤维素醚。

d. 羟丙基甲基纤维素醚对酸、碱具有稳定性，其水溶液在pH2~pH12范围内非常稳定。苛性钠和石灰水对其性能也没有太大影响，但碱能加快其溶解速度，并使黏度稍有提高。羟丙基甲基纤维素醚对一般盐类具有稳定性，但盐溶液浓度高时，羟丙基甲基纤维素醚溶液黏度有增高的趋势。

e. 羟丙基甲基纤维素醚可与水溶性高分子化合物，如聚乙烯醇、淀粉醚、植物胶等混合成为均匀、黏度更高的溶液。

f. 羟丙基甲基纤维素醚比甲基纤维素醚具有更好的抗酶性，其溶液酶降解的可能性低于甲基纤维素醚。

g. 羟丙基甲基纤维素醚对砂浆施工的黏着性要高于甲基纤维素醚。

② 羟乙基纤维素醚。由精制棉经处理后，在丙酮存在的条件下，以环氧乙烷做催化剂进行反应而制成。其取代度一般为1.5~2.0，具有较强的亲水性，易于吸潮。

a. 羟乙基纤维素醚可溶于冷水中，在热水中溶解较为困难。其溶液在高温下稳定，不具有胶凝性，可在较高温度下使用，但保水性较甲基纤维素醚低。

b. 羟乙基纤维素醚对一般酸碱都具有稳定性，碱能加快其溶解，并使黏度略有提高，其在水中分散性比甲基纤维素醚和羟丙基甲基纤维素醚略差。

c. 羟乙基纤维素醚对砂浆抗垂挂性能有利，但会延缓凝结时间。

d. 国内一些企业生产的羟乙基纤维素醚，因含水率高、灰分高而导致其保水增稠性能明显低于甲基纤维素醚。

纤维素醚在不同品种砂浆中发挥的作用也不尽相同，如纤维素醚在瓷砖黏结砂浆中可以提高开放时间，在机械喷涂砂浆中可以改善砂浆拌和物的结构强度；在自流平砂浆中可以起到防止沉降、离析分层的作用。由于不同品种预拌砂浆对纤维素醚提出的技术要求不尽相同，因此，纤维素醚的生产厂家会对相同黏度的纤维素醚进行改性，以适用不同预拌砂浆产品的不同技术要求，以便于预拌砂浆配方设计人员选用。

（2）淀粉醚

淀粉醚是从天然植物中提取的多糖化合物，与纤维素醚具有相同的化学结构及类似的性能，基本性质见表 2-14。

表 2-14　淀粉醚基本性质

项目	指标	项目	指标
溶解性	冷水溶解	颗粒度	≤98%（80 目筛）
黏度	300~800mPa·s	水分	≤10%
颜色	白色或浅黄色	—	—

淀粉醚应用于建筑砂浆中，可显著增加砂浆的稠度，改善砂浆的施工性和抗流挂性。淀粉醚通常与非改性及改性纤维素醚配合使用，它对中性和碱性体系都适合，能与石膏和水泥制品中的大多数添加剂相容，如表面活性剂、MC 等水溶性聚合物。

淀粉醚主要用于以水泥和石膏为胶凝材料的手工或机喷砂浆、瓷砖黏结砂浆、嵌缝料和胶粘剂、砌筑砂浆等。

淀粉醚在干混砂浆中的典型掺量为 0.01%~0.1%。

（3）砂浆稠化粉

砂浆稠化粉的主要成分是蒙脱石和有机聚合物改性剂以及其他矿物助剂。砂浆稠化粉本质上就是有机网络蒙脱石，可使砂浆具有良好的保水性和触变性。有机网络蒙脱石能稳定地吸附大量水分子，并且所形成的有机胶体具有很强的触变性，能使砂浆长时间保持良好的可操作性。它可使砂浆在静置状态保持良好的体积稳定性；在受力状态有良好的流动性，使砂浆易操作、易抹平，并与基层黏结牢固。有机网络蒙脱石能有效控制蒙脱石膨胀，限制水泥浆的干缩，使砂浆黏结强度高、收缩低、抗冻性好。用非纤维素醚、非引气的有机高分子材料来改性蒙脱石效果最好。

2. 可再分散胶粉

可再分散胶粉是高分子聚合物乳液经喷雾干燥，以及后续处理而成的粉状热塑性树脂，作为预拌砂浆的主要添加剂之一，在预拌砂浆中主要起增加内聚力、黏聚力与柔韧性的作用。可再分散胶粉生产应用过程原理图如图 2-3 所示。

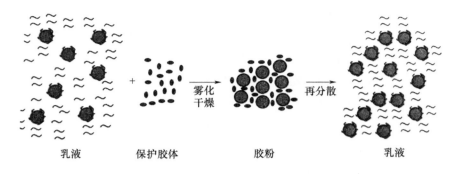

图 2-3　可再分散胶粉生产过程原理示意图

可再分散胶粉通常为白色粉状，但也有少数其他的颜色。其主要成分包括：

① 聚合物树脂。位于胶粉颗粒的核心部分，是可再分散胶粉发挥作用的主要成分，如聚醋酸乙烯酯/乙烯树脂。

② 树脂添加剂。与树脂在一起起到改性树脂的作用，例如降低树脂成膜温度的增塑剂。但并非每一种胶粉的树脂都有添加剂成分。

③ 保护胶体。包裹在可再分散胶粉聚合物树脂内核表面的一层亲水性的材料，绝大多数情况下，保护胶体为聚乙烯醇。

④ 胶粉外部添加剂。为进一步扩展可再分散胶粉的性能又另外添加的材料，如添加超级减水剂在某些助流性的胶粉中。但并不是每一种可再分散胶粉都含有这种添加剂。

⑤ 抗结块剂。矿物填料，主要用于防止胶粉在储运过程中结块以及便于胶粉流动，以方便其从纸袋或槽车中倾倒出来。

目前，主要应用的可再分散胶粉有：醋酸乙烯酯与乙烯共聚胶粉（VAC/E）、乙烯与氯乙烯及月桂酸乙烯酯三元共聚胶粉（E/VC/VL）、醋酸乙烯酯与乙烯及高级脂肪酸乙烯酯三元共聚胶粉（VAC/E/VeoVa）、醋酸乙烯酯与高级脂肪酸乙烯酯共聚胶粉（VAC/VeoVa）、丙烯酸酯与苯乙烯共聚胶粉（A/S）、醋酸乙烯酯与丙烯酸酯及高级脂肪酸乙烯酯三元共聚胶粉（VAC/A/VeoVa）、醋酸乙烯酯均聚胶粉（PVAC）、苯乙烯与丁二烯共聚胶粉（SBR）、其他二元与三元共聚胶粉、其他加入功能性添加剂的配方胶粉等。

前三种可再分散胶粉在全球市场上占有绝大多数份额（超过 80％）。尤其是醋酸乙烯酯与乙烯共聚胶粉，在全球市场占有领先的地位，在可再分散胶粉中具有代表性。从应用于砂浆改性的聚合物的技术经验方面看，醋酸乙烯酯与乙烯共聚树脂仍为最佳的技术解决方案。

可再分散胶粉在砂浆中的作用机理归纳如下：

① 可再分散胶粉分散后成膜并作为黏结剂发挥黏结增强作用；

② 保护胶体被砂浆体系吸收（成膜后不会被水破坏掉，或"二次分散"）；

③ 成膜的聚合物树脂作为增强材料分布于整个砂浆体系中，从而增加了砂浆的内聚力；

④ 可再分散胶粉在砂浆拌和物中的作用：提高施工性能；改善流动性能；增加触变与抗垂性；改进内聚力；延长开放时间；增强保水性；

⑤ 可再分散胶粉在砂浆固化以后的作用：提高拉伸强度；减小弹性模量；提高可变形性；提高材料密实度；增进耐磨强度；提高内聚强度；降低碳化深度；改善材料吸水性。

3. 纤维

（1）纤维的分类

由于水泥砂浆是一种脆性材料，其抗拉强度远远小于它的抗压强度，抗冲击能力差，抗裂性能差，水泥制品中存在大量的干缩裂纹及温度裂纹，这些裂纹随着时间的推移而不断地变化与发展，最终可导致水泥制品的开裂，造成结构物抗渗性能下降，影响其耐久性能。

克服水泥制品这一缺陷的最直接有效的方法是掺入纤维。把高强高模纤维均匀无序地分散在水泥砂浆基体之中，水泥砂浆基体在受到外力或内应力变化时，纤维对微裂纹的扩展起到一定的限制和阻碍作用。数量众多的纤维纵横交错，各向同性，均匀分布，就如很多根微"钢筋"植入水泥砂浆的基体之中，这就使微裂纹的扩展受到了这些"钢筋"的重重阻挠，微裂纹无法越过这些纤维而继续发展，只能沿着纤维与水泥基体之间的界面绕道而行。裂是需要能量的，要裂下去必须打破纤维的层层包围，而仅靠应力所产生的能量是微不足道的，只能被这些纤维消耗殆尽。所以，由于数量巨大的纤维存在，既消耗能量又缓解了应力，阻止裂纹的进一步发展，起到了阻断裂纹的作用。纤维在砂浆中还可提高抗拉强度，增强韧性，改善脆性，提高砂浆基体的变形力和抗冲击性，提高砂浆基体的密实性，阻止外界水分的侵入，提高砂浆耐水性和抗渗性，改善砂浆基体的抗冻、抗疲劳性能。

目前，预拌砂浆中采用耐碱玻璃纤维、化学合成纤维和木质纤维。

耐碱玻璃纤维是指在普通玻璃纤维的生产过程中加入一定量的氧化锆（ZrO_2），以提高其抗碱性。由于水泥是一种强碱性材料，如果掺入普通玻璃纤维，则硅酸盐水泥水化生成的 $Ca(OH)_2$ 就会与普通玻璃纤维中的 SiO_2 发生化学反应，生成水化硅酸钙，这一反应是不可逆的，直至作为普通玻璃纤维骨架的 SiO_2 被完全破坏，至纤维的强度损耗殆尽为止。由于普通玻璃纤维不能抵抗水泥材料的高碱性，所以必须选用具有抗碱性能的玻璃纤维。耐碱玻璃纤维目前制成网格布用于薄层抗裂砂浆，产品规格有 $130g/m^2$ 和 $160g/m^2$。

化学合成纤维主要有维纶纤维、腈纶纤维和丙纶纤维。化学纤维在预拌砂浆中掺量一般为预拌砂浆质量的 $0.05\%\sim0.1\%$。

其中，丙纶纤维的化学名称为聚丙烯纤维或称为 PP 纤维。丙纶纤维力学性能较好，耐碱性与耐酸性能好，使用温度较高，在混凝土和路面混凝土中已大量使用。

聚丙烯（PP）纤维具有良好的力学性能和化学稳定性及适宜的产品价格，应用最为广泛。常选用较细的纤维，单丝直径只有 $12\sim18\mu m$，它能很好地分散在砂浆中，不需特殊工艺，就能将纤维很均匀地分散开，使用起来很方便；对防止砂浆的泌水和离析有一定的作用。因这种纤维很细，在砂浆中的根数很多，非常多的乱排纤维在砂浆中构成一个较密的纤维网，阻止砂浆中各种颗粒的运动，因而有效地防止了砂浆的泌水和离析。

木质纤维是采用富含木质素的高等级天然木材（如冷杉、山毛榉等）以及食物纤维、蔬菜纤维等，经过酸洗中和，然后粉碎、漂白、碾压、筛分而成的一类白色或灰白色粉末状纤维。木质纤维是一种吸水而不溶于水的天然纤维，具有优异的柔韧性、分散性。在水泥砂浆产品中添加适量不同长度的木质纤维，可以增强抗收缩性和抗裂性，提高产品的触变性和抗流挂性，延长开放时间和起到一定的增稠作用。

（2）纤维在再生砂浆中的作用机理分析和应用

将纤维掺入砂浆中做抗裂增强材料并非现代人的发明，在古代，我们的先人就已将天然纤维作为某些无机胶结料的增强材料。例如，用植物纤维和石灰浆混合来修建庙宇殿堂，用麻丝和泥巴来塑造佛像，用麦草短节和黄泥来修建房屋，用人和动物的毛发来修补炉膛，用纸浆纤维和石灰、石膏来粉刷墙面及制作各种石质制品等。但是，把纤维加入水泥基材之中制成纤维增强水泥基复合材料是近几十年的事情。

① 在预拌砂浆中加入纤维主要起到下面几个方面的作用：

a. 阻裂。阻止砂浆基体原有缺陷裂缝的扩展，并有效地阻止和延缓新裂缝的出现。

b. 防渗。提高砂浆基体的密实性，阻止外界水分侵入，提高耐水性和抗渗性。

c. 耐久。改善砂浆基体的抗冻、抗疲劳性能，提高耐久性。

d. 抗冲击。改善砂浆基体的刚性，增强韧性，改善脆性，提高砂浆基体的变形力和抗冲击性。

e. 抗拉。并非所有的纤维都可以提高抗拉强度，只有使用高强高模纤维才可以起到提高砂浆基体的抗拉强度的作用。

f. 美观。改善水泥砂浆的表面性态，使其更加致密细腻、平整、美观、耐老化。

② 掺入纤维的砂浆比没掺纤维的砂浆具有以下几方面优点：

a. 增强抗裂性，提高抵抗裂缝的能力。

b. 材料的韧性增强，即产生微裂缝后纤维仍能继续抵抗外力的拉拔作用。

c. 高强高模纤维可增强砂浆基体的抗拉强度、弯曲强度，以及剪切强度。

d. 增强对冻融作用的抵抗能力。

e. 改善砂浆的耐疲劳性能。

正是由于以上的优点，纤维增强水泥砂浆的应用领域逐步扩大，可用于预拌砂浆的各个领域。

2.2.5 外加剂

1. 减水剂

减水剂是指在保持砂浆稠度基本相同的条件下，能减少拌和用水量的添加剂。减水剂一般为表面活性剂，按其功能分为普通减水剂、高效减水剂、早强减水剂、缓凝减水剂、缓凝高效减水剂和引气减水剂等品种。

目前，使用较为广泛的减水剂种类为木质素系减水剂、萘系高效减水剂、三聚氰胺系高效减水剂以及聚羧酸盐系高效减水剂。

（1）木质素系减水剂

木质素系减水剂包括木质素磺酸钙（木钙）、木质素磺酸钠（木钠）和木质素磺酸镁（木镁）三类。其适宜掺量为水泥质量的 0.2%～0.3%。

（2）萘系高效减水剂

萘系减水剂（β-萘磺酸甲醛缩合物），其生产原料均来自煤焦油，生产工艺成熟，原料供应稳定且产量大、应用广，其适宜掺量为水泥质量的 0.2%～1%。

（3）三聚氰胺系高效减水剂

三聚氰胺系高效减水剂（俗称蜜胺减水剂），化学名称为磺化三聚氰胺甲醛树脂。该类减水剂实际上是一种阴离子型高分子表面活性剂，具有无毒、高效的特点。其通常掺量为水泥质量的 0.5%～2.0%。

（4）聚羧酸盐系高效减水剂

自 20 世纪 90 年代以来，聚羧酸盐系高效减水剂已发展成为一种高效减水剂的新品种。它具有强度高和耐热性、耐久性、耐候性好等优异性能。其特点是在高温下坍落度损失小，具有良好的流动性，在较低的温度下无须大幅度增加减水剂的加入量。其通常掺量为水泥质量的 0.05%～1.0%。

各种减水剂尽管成分不同，但均为表面活性剂，所以其减水作用机理相似。表面活性剂是具有显著改变（通常为降低）液体表面张力或两相间界面张力的物质，其分子由亲水基团和憎水基团两个部分组成。表面活性剂加入水溶液中后，其分子中的亲水基团指向溶液，憎水基团指向空气、固体或非极性液体并定向排列，形成定向吸附膜而降低水的表面张力和两相间的界面张力，在液体中显示出表面活性作用。

当水泥浆体中加入减水剂后，减水剂分子中的憎水基团定向吸附于水泥质点表面，亲水基团指向水溶液，在水泥颗粒表面形成单分子或多分子吸附膜，在电斥力作用下，使原来水泥加水后由于水泥颗粒间分子凝聚力等多种因素而形成的絮凝结构打开，把被束缚在絮凝结构中的游离水释放出来，这就是由减水剂分子吸附产生的分散作用。

水泥加水后，水泥颗粒被水湿润，湿润越好，在具有同样工作性能的情况下所需的拌和水量也就越少，且水泥水化速度也加快。当有表面活性剂存在时，降低了水的表面张力和水与水泥颗粒间的界面张力，这就使水泥颗粒易于湿润、利于水化。同时，减水剂分子定向吸附于水泥颗粒表面，亲水基团指向水溶液，使水泥颗粒表面的溶剂化层增厚，增加了水泥颗粒间的滑动能力，又起到润滑作用，如图 2-4 所示。若是引气型减水剂，则润滑作用更为明显。

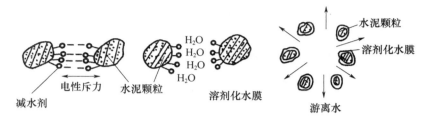

图 2-4　减水剂作用示意图

2. 早强剂

（1）早强剂的定义

根据国家标准《混凝土外加剂术语》（GB/T 8075—2017），早强剂为能加速混凝土早期强度发展的外加剂，其作用机理是增加水泥浆早期强度，因而它同时也是水泥砂浆中的早强剂。

（2）早强剂的种类

早强剂大多数是无机电解质，少数是有机化合物。其种类有强电解质无机盐、水溶性有机物、无机物复盐等。强电解质无机盐有硫酸盐、硫酸复盐、硝酸盐、亚硝酸盐、氯盐等。水溶性有机化合物有三乙醇胺、甲酸盐、乙酸盐等。

（3）早强剂的作用机理

不同种类早强剂的作用机理不同，几种典型早强剂的作用机理分述如下：

① 钠（钾）的氯化物系列早强剂。目前，较为公认的氯化物早强剂作用机理是：第一，氯化物与水泥中的 C_3A 形成更难溶于水的水化氯铝酸盐，加速了水泥中的 C_3A 水化，从而加速水泥水化；第二，氯化物与水泥水化所得的氢氧化钙生成难溶于水的氯氧化钙，降低液相中氢氧化钙的浓度，加速 C_3S 的水化。另外，由于氯化物多为易溶盐类，具有盐效应，可加大硅酸盐水泥熟料矿物的溶解度，加快水化反应进程，从而加速水泥浆硬化。

仅以早强作用而论，氯化物是效果最好的早强剂，也是人类应用最早的混凝土早强剂。但是由于氯离子有加剧钢筋锈蚀的作用，因而氯化物系早强剂的应用有很大的局限性。

② 钠（钾）的硫酸盐系列早强剂。硫酸钠作为早强剂最早出现于苏联。20 世纪 70 年代初，山东省建筑科学研究所进行了研究和开发，之后在国内普遍推广使用。硫酸钠对我国生产的大多数水泥有较好的早强作用，在养护温度较低的条件下及早期强度较低的水泥中作用更为明显。早强剂不仅可提高水泥混凝土早期强度，同时对水泥及混凝土的后期强度也有一定提高作用。硫酸钠的早强机理较为公认的是：第一，硫酸钠能与水泥水化析出的氢氧化钙起反应，加速硅酸三钙的水化；第二，硫酸钠的加入，使水泥中

的 C_3A 与 SO_4^{2-} 及氢氧化钙生成钙矾石的水化反应加速，消耗水化释放的氢氧化钙，使 C_3S 的水化加快。

由于 K^+、Na^+ 不与水泥水化产物化合，且其盐类均易溶，因而残留于混凝土浆料中。随混凝土失水干燥，钠盐在表面析出，即盐析。盐析轻则使混凝土表面返霜，影响砂浆外观，重则因钠盐在砂浆表层结晶发生膨胀，极有可能造成砂浆的表层开裂甚至脱落，因而在干混砂浆中钠（钾）系早强剂的应用受到限制。

③ 钙盐系列早强剂。试验表明，许多钙盐能降低 C_3S-H_2O 系统的 pH，从而加速 C_3S 的水化，进而加速水泥的水化及硬化。具有这一作用的钙盐有硝酸钙、甲酸钙、溴化钙、氯化钙等。

其中，甲酸钙是替代氯化钙（对钢筋有锈蚀作用）的最佳物质，目前国外早强剂中含有该成分。硝酸钙对硅酸盐水泥也有较好的早强作用，但对掺加混合材料的硅酸盐水泥作用较弱。

④ 三乙醇胺早强剂。三乙醇胺（TEA）目前较多应用于复合早强剂。

早强剂与速凝剂是有区别的，速凝剂主要作用于水泥矿物组分中 C_3A、石膏，加速水泥的凝结；而早强剂则侧重于加速 C_3S 的溶解和水化产物的晶体析出，提高早期强度，与水泥的凝结时间关系不大。有些早强剂甚至延长水泥的凝结时间，如三乙醇胺。

⑤ 早强剂在预拌砂浆中的应用。用于预拌砂浆的早强剂要求为粉末状、干燥。预拌砂浆中应用最广的是甲酸钙，甲酸钙可以显著提高水泥水化早期钙矾石的增长，并且加速 C_3S 的水化，提高水泥制品的早期强度，但对水泥的凝结时间影响不大。甲酸钙的物理性质在常温下稳定，不易结团，比较适合在预拌（干混）砂浆中应用。

3. 缓凝剂

（1）缓凝剂的定义

参照国家标准《混凝土外加剂术语》（GB/T 8075—2017）的规定，缓凝剂为能延长混凝土凝结时间的外加剂，其作用机理是对水泥浆起缓凝作用，因而它也是水泥砂浆中的缓凝剂。

（2）缓凝剂的种类

按结构可将缓凝剂分为下列几类：

① 糖类。糖钙、葡萄糖酸盐等，糖钙就是由制糖下脚料经石灰处理而成。

② 羟基羧酸及其盐类。柠檬酸、酒石酸及其盐，其中以天然的酒石酸缓凝效果最好。

③ 无机盐类。锌盐、磷酸盐等。

④ 木质素磺酸盐等。在所有的缓凝剂中，木质素磺酸盐的添加量最大且有较好的减水效果。

（3）缓凝剂的作用机理

各种缓凝剂的作用机理各不相同。

一般来说，有机类缓凝剂大多对水泥颗粒以及水化产物新相表面具有较强的活性作用，吸附于固体颗粒表面，延缓了水泥的水化和浆体结构的形成。

无机类缓凝剂往往是在水泥颗粒表面形成一层难溶的薄膜，对水泥颗粒的水化起屏蔽作用，阻碍水泥的正常水化。这些作用都会导致水泥的水化速度减慢，延长水泥的凝结时间。

缓凝剂对水泥缓凝的理论主要包括吸附理论、生成络盐理论、沉淀理论和控制氢氧化钙结晶生长理论。

多数有机缓凝剂有表面活性，它们在固液界面产生吸附作用，改变固体粒子表面性质，即亲水性。由于吸附作用，它们分子中的羟基在水泥粒子表面，阻碍了水泥水化过程，使晶体相互接触受到屏蔽，改变了结构形成过程。如葡萄糖可通过吸附在固液表面生成吸附膜，产生缓凝作用。根据研究结果表明，掺 0.1％葡萄糖可使水泥凝结时间延长 70％。

（4）缓凝剂在预拌砂浆中的作用

用于预拌（干混）砂浆的缓凝剂要求为粉末状、干燥。缓凝剂在干混砂浆应用中主要用于自流平地坪材料、内外墙腻子等场合。在自流平中，需要选用合适的缓凝剂来保持自流平一定的可施工时间；在内墙腻子中，当采用压光操作时，需要缓凝剂来保持预拌砂浆较长的施工时间。在使用缓凝剂时，应根据不同的施工温度，通过试验找出缓凝剂的最佳掺量，再根据施工要求的初凝时间，在最佳掺量的范围内采用与之对应的合理掺量，以求达到既经济又能满足工程施工要求的目的。

4. 引气剂

（1）引气剂的定义

引气剂是指在砂浆搅拌过程中，能引入大量分布均匀的微小气泡，能降低砂浆中水的表面张力，从而形成更好的分散性，减少砂浆拌和物的泌水、离析的外加剂。另外，细微而稳定的空气泡的引入，也提高了施工性能。导入的空气量取决于砂浆的类型和所用的混合设备。

参照国家标准《混凝土外加剂术语》（GB/T 8075—2017）中的规定，引气剂的定义如下：能通过物理作用引入均匀分布、稳定而封闭的微小气泡，且能将气泡保留在硬化混凝土中的外加剂。因其作用的主要机理是使硬化水泥浆中产生大量的均匀分布气孔，因而它们也是砂浆的引气剂。

（2）引气剂的种类

目前，市场上的引气剂主要有如下六类：

① 松香树脂：松香热聚物、松香皂类等。这类引气剂主要用于混凝土。

② 烷基和烷基芳烃磺酸盐类：十二烷基磺酸盐、烷基苯磺酸盐、烷基苯酚聚氧乙烯醚类。

③ 脂肪醇磺酸盐类：脂肪醇聚氧乙烯醚、脂肪醇聚氧乙烯磺酸钠、脂肪醇硫酸钠。

④ 皂类：三萜皂类。这类引气剂主要用于混凝土。

⑤其他：蛋白质盐、甲基纤维素醚。

⑥非离子型表面活性剂：烷基酚环氧乙烷缩合物。

（3）引气剂的作用机理

引气剂大部分是阴离子表面活性剂，在水-气界面上，憎水基向空气一面定向吸附，在水泥-水界面上，水泥或其水化粒子与亲水基吸附，憎水基背离水泥及其水化粒子，形成憎水化吸附层，并力图靠近空气表面。由于这种粒子向空气表面靠近和引气剂分子在空气-水界面上的吸附作用，将显著地降低水的表面张力，使混凝土在拌和过程中产生大量微细气泡，这些气泡有带相同电荷的定向吸附层，所以相互排斥并能均匀分布；另一方面，许多阴离子引气剂在含钙量高的水泥水溶液中有钙盐沉淀，吸附于气泡膜上，能有效地防止气泡破灭，引入的细小均匀的气泡能在一定时间内稳定存在。

从上述机理可以看出，引气剂的界面活性作用与减水剂相似，区别是减水剂的界面活性主要发生在液-固界面上，而引气剂的界面活性主要发生在气-液-固界面上。不难看出，引气剂主要作用首先是引入气泡，其次是分散与润湿作用。

含有引气剂的预拌（干混）砂浆加水搅拌时，由于引气剂能显著降低水的表面张力和界面能，使水溶液在搅拌过程中极易产生许多微小的封闭气泡，气泡直径大多在 $200\mu m$ 以下。

引气剂通过物理作用在砂浆中引入稳定的微气泡，这使砂浆拌和物的密度降低，施工性更好，并且提高了砂浆拌和物的产量。存留在砂浆中的空气使砂浆具有更好的保温隔热性能，但同时也降低了强度。引气剂的掺量随预拌砂浆种类和引气剂种类的不同而不同，但引气剂的掺量通常很低，一般只有水泥质量的 $0.002\%\sim0.01\%$，不超过水泥质量的 0.05%。

引气剂在干混砂浆中主要用于所有以石膏、水泥和石灰为基料的配方中。如石膏基干混砂浆用于手工和机器施工灰泥、水泥基灰泥、砖石砂浆、地板找平层、抹灰砂浆、保温砂浆等场合[9]。

在抹灰砂浆中的添加量为 $0.01\%\sim0.05\%$，可以明显提高砂浆施工性能，特别适合于机械施工，并能降低砂浆用量 $10\%\sim30\%$。

2.3 配合比

2.3.1 再生砂浆配合比设计方法

再生砂浆配合比设计时所考虑的影响因素较多，且需要确定的设计参数也要多于普通砂浆。但普通预拌砂浆应用技术的发展要早于再生砂浆，且相应的标准体系已经存在，故在确定再生砂浆配合比设计的基本原则时，需要以普通预拌砂浆为基准，参照其配合比设计时所应遵循的基本原则和要求。

关于预拌砂浆的配合比设计，目前还没有对所有砂浆均适用的、全国性或行业标准层次的设计规程。在各类砂浆中，唯有砌筑砂浆具有行业标准设计规程，即《砌筑砂浆配合比设计规程》（JGJ/T 98—2010）[10]。

工程中应用最广、使用量最大的预拌砂浆为普通预拌砂浆，包括砌筑砂浆、抹灰砂浆、地面砂浆三大类，其组成材料为水泥、砂、掺和料和保水增稠材料，其中掺和料使用较多的为粉煤灰，而单纯采用水泥和砂，或者水泥、砂和保水增稠材料配制砂浆的情况很少。普通预拌砂浆的配合比设计均可参考《砌筑砂浆配合比设计规程》（JGJ/T 98—2010）。

根据《砌筑砂浆配合比设计规程》（JGJ/T 98—2010），砂浆配合比通过计算或查表，结果以质量比表示；通过试配调整，确定一个技术经济合理的砂浆配合比。《砌筑砂浆配合比设计规程》（JGJ/T 98—2010）关于水泥混合砂浆的设计原则步骤为：第一，依次计算砂浆试配强度、每 $1m^3$ 砂浆中的水泥用量；第二，按水泥用量计算每 $1m^3$ 砂浆掺和料用量；第三，确定每 $1m^3$ 砂浆砂的用量；第四，按砂浆稠度选用每 $1m^3$ 砂浆用水量；第五，进行砂浆试配与配合比确定。

参考《砌筑砂浆配合比设计规程》（JGJ/T 98—2010），现将普通预拌砂浆的配合比确定过程简述如下：

1. 计算砂浆配制强度

砂浆配制强度应按式（2-2）确定：

$$f_{m,o} = k f_2 \qquad\qquad (2-2)$$

式中　$f_{m,o}$——砂浆配制强度（MPa），应精确至 0.1MPa；

　　　f_2——砂浆强度等级值（MPa），应精确至 0.1MPa；

　　　k——系数，按表 2-15 取值。

表 2-15　砂浆强度标准差 σ 及 k 值

施工水平	强度标准差 σ（MPa）							k
	M5.0	M7.5	M10	M15	M20	M25	M30	
优良	1.00	1.50	2.00	3.00	4.00	5.00	6.00	1.15
一般	1.25	1.88	2.50	3.75	5.00	6.25	7.50	1.2
较差	1.50	2.25	3.00	4.50	6.00	7.50	9.00	1.25

砂浆现场强度标准差 σ。若无近期统计资料时，可按表 2-15 选用。

2. 计算每 $1m^3$ 基准砂浆中水泥用量 Q_{C0}（kg）

每 $1m^3$ 基准砂浆中水泥用量可按式（2-3）计算：

$$Q_{C0} = \frac{1000\,(f_{m,o} - \beta)}{\alpha \cdot f_{ce}} \qquad\qquad (2-3)$$

式中 f_{ce}——水泥的实际强度（MPa），当无法取得水泥实际强度时，可以水泥强度等级值（$f_{ce,k}$）乘以其富余系数（γ_c）算得。γ_c 当无统计资料时可取 1.0；

α，β——砂浆的特征系数，其中 $\alpha=3.03$，$\beta=-15.09$。

3. 砂浆中粉煤灰使用量的确定

根据粉煤灰品质、砂浆强度等级，可掺用一定量的粉煤灰，以减少水泥的使用量，并调整砂浆的性能。

砂浆中掺入粉煤灰后，其早期强度会有所降低，但粉煤灰和水泥的总量要略高于原水泥的量。为保证砂浆的综合性能，粉煤灰占胶凝材料比率需要加以控制。根据《砌筑砂浆配合比设计规程》（JGJ/T 98—2010），现拌砌筑砂浆的粉煤灰占胶凝材料比率宜控制在 15%～25%。对于预拌砂浆，粉煤灰掺入量在上述原则下，通过考虑砂浆综合性能和经济技术指标进行确定。

4. 根据试验确定外加剂用量

为改善砂浆的性能，需要在砂浆中加入外加剂，包括保水增稠剂、可再分散胶粉等。目前，国内干混砂浆用保水增稠材料主要分为纤维素醚类、高吸附性层状硅酸盐类（膨润土、偏高岭土等）和其他无机有机复合类添加剂。一般选用纤维素醚类、有机无机复合的砂浆稠化粉等。预拌砂浆中保水增稠剂的用量，应根据《预拌砂浆》（GB/T 25181—2019）的保水率确定。可通过《建筑砂浆基本性能试验方法标准》（JGJ/T 70—2009）中的保水性试验方法，根据试验数据确定达到预拌砂浆保水率要求时的保水增稠剂的用量。在配合比设计过程中，可根据保水增稠剂供应商提供的参考数据确定用量，通过试配调整，确定满足保水率要求的保水增稠剂的用量。其他外加剂掺入量根据外加剂技术指标、砂浆性能要求和经济技术指标进行确定。

5. 每 1m³ 砂浆的砂用量 Q_s（kg）

应按干燥状态（含水率小于 0.5%）下的堆积密度值作为计算值。

6. 确定每 1m³ 砂浆的用水量 Q_w（kg）

砂浆的用水量可按砂浆稠度要求，再根据经验确定。一般用水量可选用 210～310kg。

7. 砂浆配合比试配、调整与确定

根据以上所得砂浆的计算配合比，按照工程实际使用材料进行试拌，测定其拌和物的稠度和保水率，若不能满足要求，则应调整材料用量，直到符合要求为止。然后，确定试配时的砂浆基准配合比。试配时至少应采用三个不同的配合比，其中一个为基准配合比，另外两个配合比的水泥用量按基准配合比分别增加及减少 10%，在保证稠度、保水率合格的条件下，可将用水量、保水增稠材料或粉煤灰等活性掺和料用量进行相应调整。

砌筑砂浆试配时稠度应满足施工要求，并应按行业标准《建筑砂浆基本性能试验方法标准》（JGJ/T 70—2009）分别测定不同配合比砂浆的表观密度及强度，并应选定符合试配强度及和易性要求、水泥用量最低的配合比作为砂浆试配配合比。

砂浆试配配合比应按下列步骤进行校正：

① 根据每 $1m^3$ 砂浆所含的水泥、粉煤灰、砂子和水等的质量计算每 $1m^3$ 湿砂浆的质量、砂浆的理论表观密度：

$$\rho_t = Q_C + Q_D + Q_S + Q_W$$

式中 ρ_t——砂浆的理论表观密度值（kg/m^3），应精确至 $10kg/m^3$；

Q_C——每立方米砂浆中的水泥用量，kg/m^3；

Q_D——每立方米砂浆中石灰膏用量，kg/m^3；

Q_S——每立方米砂浆砂用量，kg/m^3；

Q_W——按砂浆稠度选每立方米砂浆用水量，kg/m^3。

② 应按式（2-4）计算砂浆配合比校正系数 δ：

$$\delta = \frac{\rho_c}{\rho_t} \tag{2-4}$$

式中 ρ_c——砂浆的实测表观密度值（kg/m^3），应精确至 $10kg/m^3$。

③ 当砂浆的实测表观密度值与理论表观密度值之差的绝对值不超过理论值的 2％时，得出的试配配合比确定为砂浆设计配合比；当超过 2％时，应将试配配合比中每项材料用量均乘以校正系数（δ）后，确定为砂浆设计配合比。

2.3.2 建筑垃圾再生砂制备 DPM10 的配合比设计举例

1. 基本情况

（1）砂浆品种和强度等级

DPM10：干混抹灰砂浆，强度等级为 M10，28d 抗压强度≤10MPa。

（2）原材料

① 水泥。普通硅酸盐水泥（42.5 级），28d 抗压强度实测为 48.0MPa。

② 砂。由建筑垃圾再生砂和天然砂按 2∶1 复配，复配砂的细度模数为 2.4，堆积密度为 $1480kg/m^3$，复配砂中的石粉含量为 1％。

③ 掺和料。企业自制建筑垃圾再生砂过程中选出来的粉料。再生砂粉料中石粉含量为 55％，试验表明石粉的活性在 70％以上。

④ 保水增稠材料。外购，推荐掺量约为 0.8％。

（3）其他

生产、运输及施工质量水平一般。

2. 配合比设计过程

建筑垃圾再生砂中的石粉及制砂过程中选取的粉料中的石粉活性较高，与Ⅲ级粉煤灰相当。因此，在配合比设计时，先把它当作粉煤灰进行相关计算，以求砂浆中石粉的总量（相当于粉煤灰的实际用量）。然后，由计算的砂浆中石粉的总量扣除建筑垃圾再生砂带入的石粉量，得到粉料带入的石粉量，再折算成砂浆中粉料用量，并根据该粉料带入的粗颗粒含量，对砂的用量进行修正[11-13]。

（1）试配砂浆性能指标目标值确定

考虑到砂浆生产、运输及施工质量水平一般，质量水平系数 k 取 1.20。试配砂浆的 28d 抗压强度目标值：

$$f_{m,o}=k \cdot f_2=1.20 \times 10.0=12.0（MPa）$$

14d 拉伸黏结强度目标值：

$$f_{m,o}{}'=k f_2{}'=1.20 \times 0.20=0.24（MPa）$$

设计的抹灰砂浆主要性能指标的标准值及目标值，见表 2-16。

表 2-16　设计的抹灰砂浆主要性能指标的标准值及目标值

性能指标	稠度（mm）	保水率（%）	表观密度 /（kg/m³）	2h 稠度损失率（%）	凝结时间（min）	14d 拉伸黏结强度（MPa）	28d 抗压强度（MPa）
标准值	90~100	≤88	—	≤30	180~540	≤0.15	≤10.0
目标值	90~100	≤88	1800~2000	≤20	180~540	≤0.24	≤12.0

（2）计算初步配合比

① 取得水泥的实测强度。已知水泥的实测抗压强度值为 48.0MPa，即：

$$f_{ce}=48.0（MPa）$$

② 计算每 1m³ 抹灰砂浆中的初始水泥用量。已知干混抹灰砂浆的试配强度 $f_{m,o}=$ 12.0MPa，$f_{ce}=42.5MPa$，α 取 3.03，β 取 -15.09，按式（2-2）计算 1m³ 砂浆中初始水泥用量 Q_{C0}。

$$Q_{C0}=\frac{1000（f_{m,o}-\beta）}{\alpha \times f_{ce}}=\frac{1000 \times（12.0+15.09）}{3.03 \times 48.0}=186（kg）$$

③ 计算每 1m³ 抹灰砂浆中砂的用量。已知砂的堆积密度为 1480kg/m³，可直接根据砂的堆积密度得到 1m³ 砂浆中砂的用量 Q_s，即：

$$Q_s=1480（kg）$$

④ 确定每 1m³ 抹灰砂浆中保水增稠材料的用量。厂家推荐的保水增稠材料掺量为 0.8%，假设 1m³ 砂浆质量为 1700kg，按下式计算 1m³ 砂浆中保水增稠材料用量 Q_t。

$$Q_t=1700 \times 0.8\% \approx 14（kg）$$

⑤ 计算修正后每 1m³ 抹灰砂浆中水泥用量。已知 1m³ 干混抹灰砂浆初始水泥用量 $Q_{C0}=186kg$。砂浆品种修正系数 ω_1 取 1.05。保水增稠材料强度损失率无试验数据和厂家提供数据，ω_2 取 1.25。考虑到建筑垃圾再生砂吸水率较大，会增加砂浆拌和时的需水量，导致强度下降，因此，应引入砂的修正系数，ω_3 取 1.05。计算修正后 1m³ 砂浆中水泥的用量 Q_{Ct}。

$$Q_{Ct}=Q_{C0} \times \omega_1 \times \omega_2 \times \omega_3=186 \times 1.05 \times 1.25 \times 1.05=256（kg）$$

⑥ 选择石粉取代水泥率和取代系数。根据表 2-17，参照粉煤灰确定石粉的取代水泥率 $\beta_f=10\%$，取代系数 $\delta_f=1.5$。

表 2-17 砂浆中的取代水泥率和取代系数

取代水泥率与取代系数		砂浆强度等级						
		M5	M7.5	M10	M15	M20	M25	M30
矿渣粉	取代水泥率 β_k（%）	0~5	0~5	0~10	0~15	0~15	0~20	0~20
	取代系数 δ_k	1.0						
粉煤灰	取代水泥率 β_f（%）	15~25	15~25	10~20	5~15	5~10	0~5	0~5
	取代系数 δ_f	1.3~1.7						

⑦ 计算每 $1m^3$ 抹灰砂浆中的水泥实际用量。已知修正后 $1m^3$ 干混抹灰砂浆中水泥用量 $Q_{Ct}=256kg$，计算 $1m^3$ 砂浆中水泥的实际用量 Q_C。

$$Q_C=Q_{Ct}（1-\beta_t）=255\times（1-10\%）=230（kg）$$

⑧ 计算每 $1m^3$ 抹灰砂浆中取代水泥的石粉用量。已知修正后 $1m^3$ 干混抹灰砂浆中水泥用量 $Q_{Ct}=256kg$，石粉的取代水泥率，$\beta_f=10\%$，取代系数 $\delta_f=1.5$。计算 $1m^3$ 砂浆中取代水泥的石粉用量 Q_{f1}。

$$Q_{f1}=Q_{Ct}\times\beta_f\times\delta_f=256\times10\%\times1.5=38（kg）$$

⑨ 计算每 $1m^3$ 抹灰砂浆中补偿和易性所需的石粉用量。已知 $1m^3$ 砂浆中水泥的实际用量 $Q_C=230kg$，取代水泥的石粉用量 $Q_{f1}=38kg$，计算 $1m^3$ 砂浆中补偿和易性所需的石粉用量 Q_{f2}。

$$Q_{f2}=350-Q_C-Q_{f1}-Q_t=350-230-38-14=68（kg）$$

⑩ 计算每 $1m^3$ 抹灰砂浆中石粉的实际用量。已知 $1m^3$ 砂浆中取代水泥的石粉用量 $Q_{f1}=38kg$，补偿和易性所需的石粉用量 $Q_{f2}=68kg$，计算 $1m^3$ 砂浆中石粉的实际用量 Q_f。

$$Q_f=Q_{f1}+Q_{f2}=38+68=106（kg）$$

a. 计算每 $1m^3$ 抹灰砂浆中复配砂带入的石粉量

已知 $1m^3$ 砂浆中复配砂的用量 $Q_s=1480kg$，复配砂中石粉含量 $\theta_{sp1}=1\%$，计算 $1m^3$ 砂浆中复配砂带入的石粉量

$$Q_{sp1}=Q_s\times\theta_{sp1}=1480\times1\%\approx15（kg）$$

b. 计算每 $1m^3$ 抹灰砂浆中建筑垃圾粉料带入的石粉量

已知 $1m^3$ 砂浆中石粉的实际用量 $Q_f=106kg$，复配砂带入的石粉量 $Q_{sp0}=15kg$，因此，$1m^3$ 砂浆中需要由建筑垃圾粉料带入的石粉量按下式计算

$$Q_{sp2}=Q_f-Q_{sp1}=106-15=91（kg）$$

c. 计算每 $1m^3$ 抹灰砂浆中建筑垃圾粉料用量

已知 $Q_{sp2}=91kg$。建筑垃圾粉料中石粉含量为 55%，即 $\theta_{sp2}=55\%$。$1m^3$ 砂浆中建筑垃圾粉料的用量 Q_{sp}。

$$Q_{sp}=Q_{sp2}\div\theta_{sp2}=91\div55\%=165（kg）$$

d. 计算每 $1m^3$ 抹灰砂浆中复配砂的实际用量

已知 $1m^3$ 砂浆中砂的初始用量 $Q_s=1480kg$，建筑垃圾粉料量 $Q_{sp}=165kg$，其中石

粉含量 $Q_{sp2}=91kg$，计算 $1m^3$ 砂浆中复配砂的实际用量 Q_s'。

$$Q_s'=Q_s-(Q_{sp}-Q_{sp2})=1480-(165-91)=1406（kg）$$

e. 计算初步配合比

根据上述计算得出 $1m^3$ DPM10 普通干混抹灰砂浆中的水泥实际用量为 230kg，建筑垃圾粉料用量为 165kg，复配砂用量为 1406kg，保水增稠材料用量为 14kg。将上述 $1m^3$ 砂浆中各组成材料的用量换算成质量比率，即该干混砂浆的初步配合比（表 2-18）。

表 2-18　DPM10 初步配合比　　　　　　　　　　　　　　单位：%

原材料	水泥	建筑垃圾粉料	保水增稠材料	复配砂
配合比	12.67	9.09	0.77	77.47

（3）生产配合比确定

① 和易性校核。配制三组砂浆和易性校核试样，每组 10kg，其中一组为和易性校核基准组，另两组分别在基准组的基础上增加和减少 10% 保水增稠材料用量，试样配合比见表 2-19。

表 2-19　砂浆和易性校核试样配合比　　　　　　　　　　单位：%

编号	水泥	建筑垃圾粉料	保水增稠材料	复配砂
基准组	12.67	9.09	0.77	77.47
+10%组	12.67	9.01	0.85	77.47
-10%组	12.67	9.17	0.69	77.47

每组砂浆试样初步混合均匀后加入适量的水，拌制均匀后立即进行稠度测定，保证稠度介于 90~100mm。按《建筑砂浆基本性能试验方法标准》（JGJ/T 70—2009）测定砂浆拌和物的保水率、表观密度、2h 稠度损失率和凝结时间，结果见表 2-20。

表 2-20　砂浆和易性校核试样的性能检测结果

编号	稠度（mm）	保水率（%）	表观密度/（kg/m³）	2h 稠度损失率（%）	凝结时间（min）
目标值	90~100	≤88%	1800~2000	≤20%	180~540
基准组	93	92	1840	11	390
+10%组	95	95	1830	10	400
-10%组	94	90	1850	11	410

对比三组砂浆的保水率、表观密度、2h 稠度损失率和凝结时间与目标值的符合程度后发现，三组砂浆均满足目标值的要求。但 -10% 组的保水增稠材料用量比其他两组少。从经济学角度综合考虑，选择以和易性校核 -10% 组配合比为后续的强度校核基准配合比[14]。

② 强度校核。确定强度校核基准配合比后，以此配合比为基础，分别增加和减少 10% 水泥用量，相应调整建筑垃圾粉料用量（表 2-21），配制三组干混砂浆强度校核试

样，每组 10kg。按《建筑砂浆基本性能试验方法标准》（JGJ/T 70—2009）各试样的稠度、保水率、表观密度、2h 稠度损失率、凝结时间、14d 拉伸黏结强度和 28d 抗压强度，检测结果见表 2-22。

表 2-21　砂浆强度校核试样配合比　　　　单位：%

编号	水泥	建筑垃圾粉料	保水增稠材料	复配砂
基准组	12.67	9.17	0.69	77.47
＋10%组	13.94	7.90	0.69	77.47
－10%组	11.40	10.44	0.69	77.47

表 2-22　砂浆强度校核试样的性能检测结果

编号	稠度 (mm)	保水率 (%)	表观密度 / (kg/m³)	2h 稠度损失率 (%)	凝结时间 (min)	14d 拉伸黏结强度 (MPa)	28d 抗压强度 (MPa)
目标值	90～100	≤88%	1800～2000	≤20%	180～540	≤0.24	≤12.0
基准组	94	90	1850	11	410	0.30	12.1
＋10%组	95	93	1890	17	370	0.33	12.9
－10%组	96	93	1860	12	360	0.25	9.6

比较三组砂浆的各项性能，稠度、保水率、2h 稠度损失率、凝结时间、14d 拉伸黏结强度均满足设计要求，基准组和＋10%组 28d 抗压强度大于试配强度要求，－10%组砂浆抗压强度偏低。因此，可以认为基准组的配合比较为理想。

③ 配合比确定。根据初步配合比的计算及后续的试配试验结果，设计的 DPM10 生产配合比见表 2-23。

表 2-23　DPM10 生产配合比　　　　单位：%

原材料	水泥	建筑垃圾再生砂粉料	保水增稠材料	砂
配合比	12.67	9.17	0.69	77.47

参考文献

[1] 陈树建，翟爱良，季昌良，等．混合再生骨料混凝土配制技术试验研究 [J]．水资源与水工程学报，2013，24（3）：96-101.

[2] 中华人民共和国国家质量监督检验检疫总局．建筑材料放射性核算限量：GB 6566—2010 [S]．北京：中国建筑工业出版社，2010.

[3] 中华人民共和国国家质量监督检验检疫总局．混凝土外加剂中释放氨的限量：GB 18588—2001 [S]．北京：中国建筑工业出版社，2001.

[4] 林壮斌，肖建庄，范玉辉．再生细骨料混凝土性能试验研究进展 [C]．第三届全国再生混凝土学术交流会，2012（9）：64-72.

[5] 王慧．建筑垃圾再生干混砂浆制备与性能研究 [D]．哈尔滨：哈尔滨工业大学，2018.

［6］张士杰，李显，王福晋，等．再生废砖骨料的吸水返水特性研究［J］．混凝土，2017（12）：185-188.

［7］秦原，王加力，郑玉春，等．再生细骨料采用需水量比作为技术指标的研究［J］．青岛理工大学学报，2009，30（4）：166-170.

［8］中华人民共和国国家质量监督检验检疫总局，中国国家标准化管理委员会．混凝土外加剂术语：GB/T 8075—2017［S］．北京：中国标准出版社，2017.

［9］王培铭，王茹，张国防，等．干混砂浆原材料及产品检测方法［M］．北京：中国建材工业出版社，2016.

［10］中华人民共和国住房和城乡建设部．砌筑砂浆配合比设计规程：JGJ/T 98—2010［S］．北京：中国建筑工业出版社，2010.

［11］黄秀弟，叶廷审，叶青．预拌干混砌筑砂浆配合比的设计与讨论［J］．新型建筑材料，2014，41（12）：31-34＋52.

［12］徐芬莲，陈景，黄波，等．预拌砂浆配合比设计方法的探讨［J］．混凝土，2009（5）：116-117.

［13］丁健美，李光中，胡晓．预拌砂浆配合比设计与应用［J］．混凝土，2008（4）：81-84＋87.

［14］叶茂．预拌砂浆配合比设计及应用研究［J］．四川水泥，2016（9）：279.

3　再生砂浆相关设备介绍

3.1　再生砂生产设备

砂石骨料整套设备部分包括给料设备、破碎设备、制砂设备、洗砂设备、筛分设备、输送设备、除尘设备等。

1. 砂石骨料生产工艺部分

砂石骨料生产线的设计准则：

① 破碎和筛分设备，配备输送和存储设备以及电气控制等，组成砂石生产线。

② 在系统进料和最终成品料需求都十分明确的条件下，实现破碎筛分的工艺路线可以是多方案的，不同方案所选设备的数量和选型不相同，因而方案实施的初期投资费用和今后运行费用也会不同，设计者、投资者与运行者必须充分讨论，切合实际，权衡利弊后确定较佳的工艺方案。

③ 破碎筛分联合设备主要有两种形式：固定式和移动式。移动式破碎站按移动方式又分为轮胎式和履带式（自行走式）。这几种形式可以完全独立采用，也可以混合使用。

④ 一个砂石场究竟采用哪种形式，应根据砂石场运行时设备移动的频繁程度来定。自行走式设备适用于移动特别频繁的情况，价格最贵，依次为轮胎式、半移动式，优点是这些形式的设备安装周期短，土建作业量少，投入使用快。

2. 砂石生产线的组成部分[1]

（1）给料设备

给料机将间歇式的自卸卡车、装载机的供料变为向颚式破碎机连续供料，减少颚式破碎机负载的波动，有利于延长机器的使用寿命。

往往卡车供料的大小是不均匀的，时大时小，当大块进料较多时，颚式破碎机负荷大，破碎速度缓慢；反之则快，给料机可以调整给料速度，使颚式破碎机在负荷大时给料少些，在破碎速度快时给料多些，也有利于平均处理能力的提高。根据给料方式不同可分为 BW 板式给料机、ZSW 振动筛分给料机、BDG 波动辊式给料机。图 3-1、图 3-2 为 ZSW 振动筛分给料机。

（2）初破设备

当前，初破机主要选用颚式破碎机。

大规格的颚式破碎机允许进料最大边长可达 1m，已成为初破机使用较多的机型。选择颚式破碎机取决于两条：第一是其最大允许进料粒度是否满足要求；第二是在确定排料粒度下的排料口尺寸的处理能力是否满足系统要求。

图 3-1　ZSW 振动筛分给料机

图 3-2　被用在邯郸金隅水泥时产 400 吨砂石
生产线中的 ZSW630 振动筛分给料机

① PE 颚式破碎机。颚式破碎机，简称"颚破"，其中有典型的 PE 新型"颚破"，具有破碎比大、产品粒度均匀、结构简单、工作可靠、维修简便、运营费用经济等特点。颚式破碎机广泛用于矿山、冶炼、建材、公路、铁路、水利和化学工业等众多部门，破碎抗压强度不超过 320MPa 的各种物料，是初级破碎首选设备。图 3-3 为 PE 颚式破碎机实物图，图 3-4 为 PE 颚式破碎机白线图。

该系列破碎机破碎方式为驱动挤压型。其工作原理是：电动机驱动皮带和皮带轮，通过偏心轴使动颚上下运动，当动颚上升时肘板和动颚间夹角变大，从而推动动颚板向定颚板接近，与此同时物料被压碎或碾、搓达到破碎目的；当动颚下行时，肘板与动颚间夹角变小，动颚板在拉杆、弹簧的作用下离开定颚板，此已破碎物料从破碎腔下口排出，随着电动机连续转动而破碎机动颚周期性地压碎和排泄物料，实现批量生产。

图 3-3　PE 颚式破碎机实物图

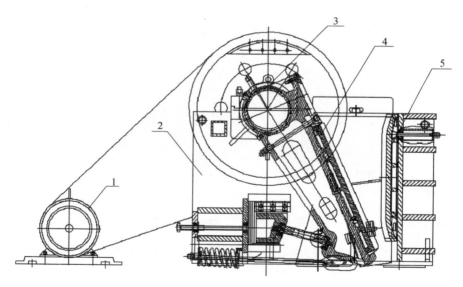

图 3-4　PE 颚式破碎机白线图
1—驱动部分；2—壳体部分；3—转子部分；4—动颚部分；5—定颚部分

② JC 系列欧版颚式破碎机。JC 系列颚式破碎机按照现代腔体和模具规格制造，超强的韧性和出色的生产表现源自它坚固的结构和先进的设计。紧凑的机体设计使它易于运输并适合固定或移动等各种安装场景。JC 系列颚式破碎机采用奥地利先进技术，根据建筑垃圾特性进行改良，腔型设计独特，破碎比更大，产量远高于同等型号。图 3-5

为 JC 系列颚式破碎机实物图。

设备特色：

a. 大破碎比，粒度均匀；

b. 排料口液压调整，调节范围大，运行可靠，可动态控制出料规格；

c. 生产效率高，能耗低，与同规格普通颚式破碎机相比，处理能力提高 20%～35%，能耗降低 15%～20%；

d. 破碎腔深而且无死区，提高进料能力与产量；

e. 采用双曲面颚板磨损小，同等工艺条件下，颚板寿命可延长 3～4 倍以上，对高磨蚀性物料更为明显。

图 3-5　JC 系列颚式破碎机实物图

（3）二次破碎设备

二次破碎设备的机型主要是反击破。

反击破由于破碎比大、排料的针片状颗粒少，近年来，已在砂石场特别是公路路面石料场大量使用。

① AF 系列反击式破碎机。AF 系列反击式破碎机采用奥地利先进技术，主要用于矿山、化工、煤炭等建筑骨料、碎石、采石、砂石等的破碎、分级等，本类产品具有外形新颖、性能可靠、噪声小、维修方便、液压调整、生产能力大等特点。

工作原理：

在转子上装有刚性连接的板锤，板锤随着转子一起转动。物料经由喂料机匀速喂料后进入破碎机，而后沿着导板下滑，进入转子的破碎区域后被板锤撞击，被撞击的物料随后撞击在反击板上面。经过破碎后尺寸达到要求的物料从排料口排出；尺寸仍然过大的物料会持续地在破碎腔中被撞击，直至尺寸达到要求后排出。该种破碎机中物料的破碎主要有三种形式：高速板锤对物料的打击、物料撞击在反击板上产生的破碎、破碎腔内物料之间相互碰撞所产生的破碎。图 3-6 为 AF 系列反击式破碎机实物图。

设备特色：

a. 带有钢筋切除装置，主机不会堵塞；

b. 变三级破碎为单段破碎，简化工艺流程；

c. 出料细，过粉碎少，颗粒粒型好；

d. 半敞开的排料系统，适合破碎含有钢筋的建筑垃圾；

e. 破碎机匀整区的衬板上设计有钢筋的凹槽，物料中混有的钢筋在经过这些凹槽后被清除而分离；

f. 配套功率小，耗电低，节能环保；

g. 结构简单，维修方便，运行可靠，运营费用低。

图 3-6　AF 系列反击式破碎机实物图

② DPF 系列反击式破碎机。DPF 系列反击式破碎机带有钢筋切除装置，主机不易堵塞，再生骨料粒型好，变三段破碎为单段破碎，同档次机型中性价比更高，是极佳的建筑垃圾破碎设备。

工作原理：

建筑垃圾通过给料设备喂入 DPF 系列反击式破碎机的进料口后，堆放在机体内特设的中间托架上，锤头在中间托架的间隙中运行，将大块物料连续击碎坠落，坠落的小块物料被高速运转的锤头打击到后反击板而发生细碎，再下落至均整区，锤头在均整区将物料进一步细碎后，物料排出。同时，在均整区的衬板上设计有退钢筋的凹槽，物料中混有的钢筋在经过这些凹槽后被排出。均整齿板到锤头的距离是可以调整的，距离越小，出料粒度越小；反之，出料粒度越大。图 3-7 为 DPF 系列反击式破碎机实物图。

图 3-7　DPF 系列反击式破碎机实物图

设备特色：

a. 带有钢筋切除装置，主机不会堵塞；

b. 变三段破碎为单段破碎，简化工艺流程；

c. 出料细，过粉碎少，颗粒粒型好；

d. 半敞开的排料系统，适合破碎含有钢筋的建筑垃圾；

e. 破碎机匀整区的衬板上设计有钢筋的凹槽，物料中混有的钢筋在经过这些凹槽后被排出而分离；

f. 配套功率小，耗电低，节能环保；

g. 结构简单，维修方便，运行可靠，运营费用低。

（4）制砂设备

常用的制砂设备主要有：XPCF 高效细碎机、DPX 单段细碎机、YM 高效预磨机。

① XPCF 高效细碎机。由于"石打石"破碎机破碎腔内密集悬浮着物料层，后续进入破碎机的物料如同子弹打靶一样，射入密集的物料层中，破碎腔内恰如"枪林弹雨"。物料间相互高速撞击产生高效率的"解理破碎"，破碎后的细小颗粒又产生剧烈的"搓""磨"而产生大量细粉，最后合格的细粉穿过筐缝卸出。图 3-8 为 XPCF 高效细碎机实物图。

由于在"石打石"破碎机中 60%～70% 的破碎是在物料间自相撞击产生的，因而锤头、衬板的磨损负荷只有常规破碎机的 20%～30%，以往大量用于磨损锤头、衬板的有害功转变为破碎物料的有用功，因而与常规破碎机相比具有三个显著优势：

a. 同等产量：电机功率减小 30%～50%；

图 3-8　XPCF 高效细碎机实物图

b. 同等材质：锤头、衬板寿命提高 3～4 倍；

c. 破碎比大：可将 2～3 级破碎合并为 1 级。

② DPX 单段细碎机。为了充分提高粉磨系统生产效率、降低粉磨电耗，采用"多破少磨"工艺技术（变两级破碎为三级破碎），使破碎产品达到 8mm 以下，是非常有效的手段。然而，在具体技术改造中，遇到了流程复杂、工艺布置困难、投资过大等问题；而且，因细碎机增加较大电机，致使降低粉磨电耗的目的大打折扣。DPX 系列单段细碎机，较好地解决了上述诸多问题。图 3-9 为 DPX 单段细碎机实物图。

图 3-9　DPX 单段细碎机实物图

工作原理：

大块物料喂入破碎腔中，放在机内特设的中间托架上，锤头在中间托架的间隙中运行，将大块料连续击碎而使其坠落，坠落的小块经高速运转的锤头进一步打击而细碎，最后经弧形篦板均整合格后卸出。适用于抗压强度不超过 150MPa 的各种物料的单段细碎。

设备特色：

a. 产量高、破碎比大、产品粒度细；

b. 配套功率小、电耗低；

c. 变三级破碎为单段细碎，工艺流程简化；

d. 结构简单、维修简便、运行可靠、运行费用低。

③ YM 高效预磨机。YM 系列高效预磨机是郑州鼎盛公司综合国内外同类高效预磨机技术，对主要技术参数进行优化设计研制而成的新型细碎、粗磨、制砂产品，其采用立式结构，分级破碎，结构简单，操作方便，能耗低，粉尘少，没有筛板，克服了堵塞现象。锤头采用铰接结构，更换方便，锤头及衬板均选用高合金耐磨材料，具有高强度和高耐磨性能，使用寿命长。图 3-10 为 YM 高效预磨机实物图。

图 3-10　YM 高效预磨机实物图

工作原理：

由电机通过皮带轮带动的位于机壳内的转轴，转轴上固定有数层飞锤组，机壳内固定有内衬护板，还包括进料斗和出料分料装置、检修门等。其特征在于在第一层锤组上方的转轴上固定有分料盘，对物料进行均匀分散以便破碎；内衬护板的表面有锯齿；锤头连接在链式卸扣上，链式卸扣通过活动链环连接在套盘上，套盘与转轴固定。物料通过与锤头及衬板的高速碰撞而被细碎。

（5）筛分设备

圆振动筛是非常常见也是使用效果非常好的筛分设备，尤其是在砂石生产线中，该设备可用于对原料中的细小物料进行筛分，也可用于对一级破碎设备、二级破碎设备破碎后的物料进行筛分，经筛分后符合一定粒度要求的骨料则会被皮带机送到成品料堆，如图 3-11 所示。

图 3-11　圆振动筛实物图

（6）清洗设备

机制砂产品必须通过水洗，砂石产品的清洗可以去除混杂其中的泥土等杂质，并且控制细粉含量，清洗后的砂石作为混凝土骨料，可以提高混凝土的质量，并减少水的用量。因此，砂石场采用清洗机组将越来越普遍。清洗设备如图 3-12 所示。

图 3-12　清洗设备

（7）输送设备

胶带输送机是砂石生产线的必备设备，一条砂石生产线通常要用到 4～8 条不等的胶带输送机。在砂石生产线中，胶带输送机主要用作连接砂石生产线各级破碎设备及给料筛分设备之间的纽带，以实现砂石骨料生产环节的连续性和自动化，从而提高砂石生产线的生产率和减轻人工劳动强度。

（8）电控系统

各种破碎机的共同特点是运动件的静止惯量很大，因而其电机装机容量大，启动电流大。国外基本上采用软启动或变频启动方式，以减少对电网的冲击并保护电动机。整套联合设备包括十几台各种电机，主机电机的电压与电流控制，给料机的变频调速控制等。从一台单机设备的主电机与润滑液压设备在温度、压力等控制上的电气联锁，到整条线前后设备开关程序的控制，需要电控设置来实现。

（9）除尘系统

气箱脉冲袋式除尘器，集分室反吹和喷吹脉冲袋式除尘器的优点于一体，克服了分室反吹的清灰动能不足，喷吹脉冲的清灰与过滤同时进行的缺陷，扩大了袋式除尘设备的应用范围。有效地提高了气箱脉冲袋式除尘器的除尘效率及运行可靠性，延长了滤袋的使用寿命，降低了操作人员的劳动强度。图 3-13 为气箱脉冲袋式除尘器。

图 3-13　气箱脉冲袋式除尘器

3.2　再生砂浆生产设备

湿拌砂浆和干混砂浆的生产方式不同。再生湿拌砂浆的生产过程：将水泥、矿物外加剂、化学功能外加剂及经过筛分的机制砂、再生砂分别加入各自的罐仓，生产时将各种原料送至电子秤计量后进入电脑控制全自动搅拌机，并由泵将水按配比计量后一起送入搅拌机搅拌。砂浆拌和物经和易性检验合格后由砂浆运输车送至工地直接使用或装入不吸水的密闭容器内待用。湿拌砂浆可在混凝土搅拌站用改进后的混凝土搅拌设备生产，可实现配料控制自动化、工厂化生产，产品质量稳定可靠。运输可用混凝土运输车，现场储存可用特制金属容器，但必须在规定的时间内用完[2]。

干混砂浆的生产过程与湿拌砂浆不同之处在于不加水且对砂要进行预处理。砂的预处理分为河砂处理和机制砂（再生砂）处理。河砂的处理过程为：干燥、筛分、储存。

机制砂、再生砂的处理则包括对从砂矿、建筑垃圾堆场运回的粗料进行破碎、干燥、筛分、储存的过程，但也有部分厂家直接采用成品机制砂。经处理后的砂、胶凝材料、矿物外加剂以及化学功能外加剂等分别装入各自储料仓储存，经过电子秤计量后进入搅拌机混合，由自动包装机按设定质量计量包装后出厂或由散装头灌入类似水泥散装车的干混砂浆专用散装车，以散装形式运至工地。干混砂浆是在工厂里精确配制而成，与传统工艺配制的砂浆相比，具有质量稳定、生产效率高、绿色环保、适用性广、文明施工的特点。

3.2.1 湿拌砂浆生产设备

目前，再生湿拌砂浆主要由预拌混凝土搅拌站生产、供应。预拌混凝土企业通过对预拌混凝土搅拌设备进行相应调整，就可以利用其生产湿拌砂浆。通过统筹安排和工艺参数、附加设备的适当调整，既可在该设备上生产预拌混凝土，也可在该设备上生产湿拌砂浆。利用预拌混凝土设备生产湿拌砂浆，可提高设备的利用率，为预拌混凝土企业带来更多的利润。

为适应湿拌砂浆的生产要求，需要对预拌混凝土的搅拌设备做如下改进和调整：

① 搅拌设备系统：设置过筛砂及砂浆稠化粉专用料仓，调整搅拌机的搅拌叶片和筒体的间隙。

② 搅拌控制系统：改编电脑控制程序，调小原料秤称量的感量。

③ 筛分系统：湿拌砂浆要求砂粒粒径符合《普通混凝土用砂、石质量及检验方法标准》（JGJ 52—2006）的规定，必须小于 5mm，因此必须通过机械筛分后才能使用。筛分设备一般可分为平板式和滚筒式[3-4]。

一般地，湿拌砂浆的典型生产工艺如图 3-14 所示。

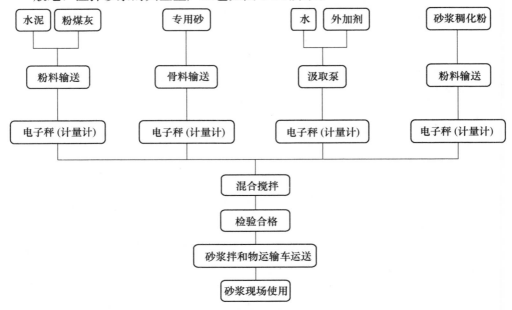

图 3-14　湿拌砂浆生产工艺流程

3.2.2 干混砂浆生产设备

1. 干混砂浆生产工艺流程

（1）原材料预处理和入仓。粒度和含水率不符合要求的原材料需要进行预处理，进行破碎、烘干、筛分后，通过输送设备入仓储存。

（2）配料与称量。

（3）混合。

（4）产品包装和运输。

2. 工艺分类

预拌砂浆生产线应结合所在区域、地形、产品品种、资金状况、政策、市场情况决定工艺布置方案。一般分为塔楼式、阶梯式、车间式等形式。

（1）阶梯式干混砂浆生产线

除添加剂和部分人工投料微量添加剂在混合机上方处理外，其余物料（骨料、粉料）均在主楼的另一侧辅楼上完成配料，然后通过密闭输送系统传送至混合机上方的二次储料斗（中途仓）内，二次储料斗上安装称重检测单元，据配方要求按顺序依次排料进入混合机[5-7]。具有建筑高度低、布局简单、基础载荷小等优点，但占地面积大，适合大规模普通砂浆的生产。阶梯式干混砂浆生产线如图 3-15 所示。

图 3-15　阶梯式干混砂浆生产线外观

（2）塔楼式干混砂浆生产线

将砂浆生产设备按照生产流程自上而下布置，依次是砂筛分机、原料储存仓、喂料机、计量秤、包装机或散装机等。适合特种砂浆和普通预拌砂浆的生产。塔楼式干混砂浆生产线如图 3-16、图 3-17 所示。

图 3-16　塔楼式干混砂浆生产线外观

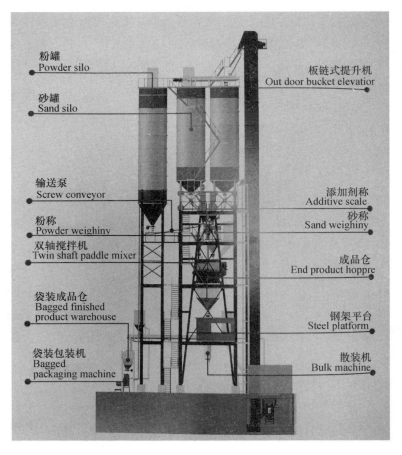

图 3-17　塔楼式干混砂浆站工艺流程

（3）车间式干混砂浆生产线

与混凝土搅拌站类同，以混合楼为中心，储库分布在其两侧，生产线结构紧凑，占地面积较阶梯式小。品种单一。适合特定的特种砂浆和普通砂浆的生产。车间式干混砂浆生产线如图 3-18 所示。

图 3-18　车间式干混砂浆生产线外观

干混砂浆三种生产工艺的优缺点对比如表 3-1 所示。

表 3-1　干混砂浆三种生产工艺的优缺点

生产工艺	优点	缺点
塔楼式	砂料自上而下，生产流程顺畅，高效节能，交叉污染少	设备高度一般高于 35m，前期投资成本高
阶梯式	砂料二次提升，设备高度低，布局简单，基础载荷小	占地面积较大，二次提升设备中有残余料，难以清理
车间式	主材二次输送，结构紧凑	产品范围相对较窄，主要生产特种砂浆，产能低，适合小型规模生产线

3. 干混砂浆主要的生产设备

干混砂浆主要生产设备分为原料砂储存、干燥、筛分、输送和仓储系统，各种粉状物料储存系统，配料计量系统，混合搅拌系统，包装和散装系统，收尘系统，电气控制系统及辅助设备等。

（1）原料砂干燥、筛分、输送系统

① 原料砂干燥。干混砂浆主要成分是砂，其比率占砂浆总用量的 70%～80%，干混砂浆所用砂分为天然砂和机制砂（再生砂）。砂子应经过干燥处理，干燥后含水率应

小于 0.5%，生产中应该测定砂子的含水率，每一工作班不应少于一次，当含水率显著变化时，应增加测定次数。一般烘干设备工艺流程如图 3-19 所示。

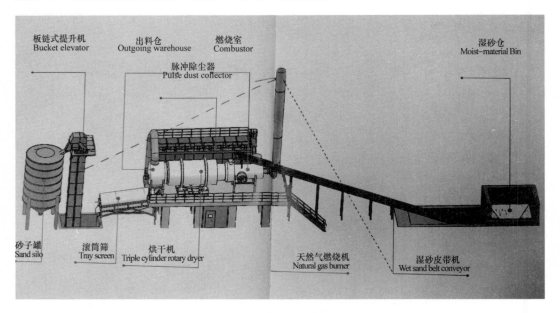

图 3-19　一般烘干设备工艺流程

烘干设备中应具有砂子在线测湿系统，当今使用较多的是微波自动显示测湿系统，它的原理是利用水对微波具有高吸收能力，不同的含水率砂微波吸收程度不同的特点，通过微波能量场的变化，测量出正在通过的物料湿度百分比[8-10]。

烘干设备的热风进风口和干砂出料口配置自动测温装置，砂的出料温度要求低于 65℃。烘干设备有滚筒式和振动流化床式两种。

滚筒式干燥机是一种以对流换热和辐射换热为主要加热方式来处理大量物料的干燥器。可分单层滚筒干燥机、双层滚筒干燥机和三层滚筒干燥机（简称三回程滚筒）三种方式。

a. 单层滚筒物料和热风流向原理及外观如图 3-20、图 3-21 所示。该设备筒体略倾斜，滚筒转速可根据物料的含水率实现人工或自动调节，湿物料通过滚筒内的热风顺流或与加热壁面进行有效接触，从而达到干燥的目的。在滚筒的出料口安装有除尘的强制冷却风机构，冷风进入滚筒逆流热交换以达到冷却的目的。该设备具有结构简单、运转可靠、维护方便、生产量大的特点，其缺点是能耗和占地较大，无法控制出料温度[11]。

b. 双层滚筒物料和热风流向原理及外观如图 3-22、图 3-23 所示，滚筒主体部分由内筒和外筒两部分组成。其中，内筒为干燥筒，筒体内布置多种叶片结构，可实现砂在干燥区形成料帘分布，使砂与热风进行充分的热交换，达到最佳的温度场分布，砂中的水分不断地蒸发，随尾气经除尘系统排出；外筒为冷却筒，落入外筒中的干砂在外筒反向螺旋叶片的推动下回流至出口，强大的引风机将冷却风从滚筒夹层内引出，对热砂强制进行逆流冷却；筒壁布置了扬料叶片，有效地减少了砂与内筒筒壁直接接触，为逆流冷却风与返程砂的热交换提供了充分的保障。该设备的优点为能控制出料温度、结构简单、运转可靠、能耗相对低、可以更换叶片、维护方便、生产量大；缺点是占地面积较大[12-13]。

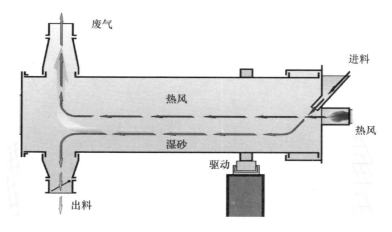

图 3-20　单层滚筒物料和热风流向原理

图 3-21　单层干燥强制风冷却滚筒式干燥机

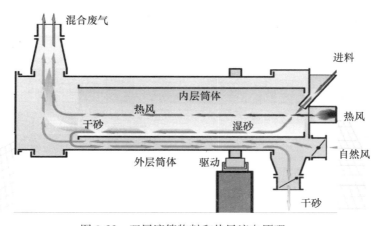

图 3-22　双层滚筒物料和热风流向原理

图 3-23 双层干燥冷却滚筒式干燥机

c. 三层滚筒物料和热风流向原理及外观如图 3-24、图 3-25 所示，该滚筒由三层结构组成，工作时热风在出风口抽风机的作用下由热风炉进入内筒，经过两个回程到达外筒，逐渐冷却排出。湿砂由皮带输送机（或斗式提升机）经燃烧炉上部的进料溜管均匀进入滚筒，砂子在滚筒内经过两个回程进入外筒，完成烘干过程。优点是结构简单、运转可靠、生产量大，能耗低、占地相对小；缺点是不能控制出料温度，出料温度平均高于 80℃，不能更换叶片。

《建筑施工机械与设备干混砂浆生产成套设备（线）》（JB/T 11186—2011）对于各砂烘干指标做了相应规定，如表 3-2 所示。

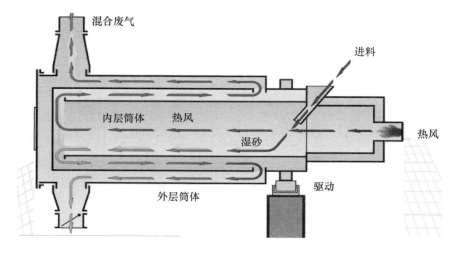

图 3-24 三层滚筒物料和热风流向原理

图 3-25　三层干燥冷却滚筒式干燥机

表 3-2　干砂烘干指标

项目	允许误差
干砂烘干冷却筛分后入干砂库温度	≤65℃
干砂含水率	≤0.5%
烟尘排放浓度	≤80mg/Nm³
烟气黑度（格林曼黑度）	≤1 级
操作工位噪声	≤70dB
环境噪声	≤85dB

② 干砂筛分系统。振动筛用于将各个粒径的物料分离开来，其种类繁多，主要由激振器、筛箱、隔振装置、支架等几部分组成。

适合筛分干砂的振动筛有：旋振筛和直线筛。

a. 旋振筛。旋振筛如图 3-26 和图 3-27 所示，振动电机上、下两端安装有偏心重锤，将电机的旋转运动转变为水平、垂直、倾斜的三次元运动，再把这个运动传递给筛网，使物料在筛面上做外扩渐开线运动。这种设备筛分精度高，但排料不方便，产量较低，因而应用较少，可用于精细筛分[14]。

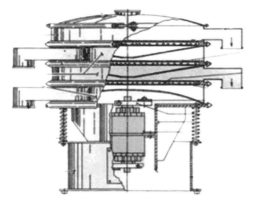

图 3-26　旋振筛结构　　　　　　　　　　图 3-27　旋振筛

b. 直线筛。直线筛的运动轨迹近似为直线，激振器大多为振动电机，是根据双振动电机自同步直线振动原理制成。其结构紧凑、运动平稳、效率高、能耗小、全封闭结构、粉尘溢散小、使用维修方便。干混砂浆常用的直线筛一般为直线概率筛和单层直线筛，如图 3-28、图 3-29 所示。普通砂浆可选择概率筛进行分级，为今后产品提升预留。一般特种砂浆选择直线筛做过滤筛，概率筛做分级筛；对砂的分级要求更高的特种砂浆，应采用多电机概率筛做分级筛，概率筛应配备防止筛网堵塞的装置。

图 3-28　多电机概率筛

图 3-29　单层直线筛

③ 干砂输送机。干混砂浆生产线主要采用斗式提升机或皮带输送，也有少量采用耐磨螺旋输送。

a. 斗式提升机。斗式提升机有倾斜式和立式两种。以立式为例，占地面积小，输送能力强，输送高度高（一般为 30～40m，最高可达 80m），密封性好，是干砂的重点输送设备。

斗式提升机的牵引构件分为带式和链式，胶带式提升机成本最低，皮带容易拉长、打滑，只适合用在粉料的提升场合，维修麻烦。其中 TDG 型钢丝胶带斗式提升机可输送流动性较差的粉料，运转平稳，噪声低，皮带采用钢丝绳芯胶带，强度高，寿命较长；环链式提升机成本较低，但抗拉升能力差，需经常割除拉长后多出的链条，维修麻烦，维护成本高。其中 NE 板链式提升机：结构精度高，振动小、噪声低，延长了链条和链斗的寿命，加上直连式轴装减速电机、弹簧座张紧机构并配置同步轮，杜绝了脱轨的可能，保证了整机长时间运行时的可靠性[15-16]。

斗式提升机结构及实物见图 3-30、图 3-31，因停电、紧急情况等故障引起的斗式提升机停机后，提升机不能倒转（机构有止逆装置），且不用清理砂子就可以再次启动。

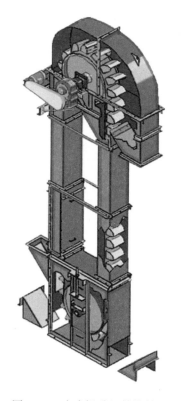

图 3-30　斗式提升机结构简图

图 3-31　斗式提升机

b. 皮带输送机。皮带式运输机的基本形式有五种：倾斜式；水平式；先水平后倾斜式；先倾斜后水平式；水平—倾斜—水平式。

皮带运输机同商品混凝土设备一样，有平皮带、人字皮带、槽形皮带；皮带机要有无料报警装置；皮带机两侧必须有安全拉线开关；因停电、紧急情况等故障引起的皮带输送机停机后，皮带不能倒转，且不借助外力能再次启动[17-18]。

（2）粉状物料储存系统

干混砂浆除骨料（干砂）外，还有水泥、石膏粉、稠化粉、粉煤灰和外加剂等物料。由于干混砂浆的特性，所有物料应储存于密封的粉料筒仓内。计量时，除特殊外加剂采用手工投料外，其余物料的输送有气浮排料系统和螺旋式排料系统，以保证配料过程中物料的正常输送。粉状物料储存系统主要有粉料储仓、气浮式料仓排料系统和螺旋输送机。

① 粉料储仓。粉料储仓根据生产工艺要求可以设置成多个相同规格或者不同规格的筒仓，筒仓一般由钢板焊接而成，如图 3-32 所示。

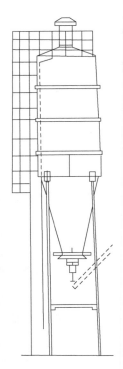

图 3-32　粉料筒仓

为防止粉料在筒仓内"搭拱"阻塞，筒仓锥部一般都设有不同形式的破拱装置，用以防止粉料供应的中断，从而保证混合设备能连续地运转。粉料的破拱，国内外生产厂商一般采用机械式破拱、气动破拱、振动破拱。

a.机械式破拱。破拱装置设置在起拱要害之处，能量集中，可靠性好，效果最佳。可直接破坏松散物料内摩擦力的平衡。由于在锥部物料受压最大，密实度也最大，物料在空气稍潮或其他条件下容易产生并增大内聚力，造成起拱。机械在物料中进行往复的剪切运动则是消除这种内聚力的过程。机械式破拱可以连续破坏拱形平衡，有利于实现均匀给料，提高物料的计量精度。

b.气动破拱。气动破拱是通过压缩空气的冲击来破坏拱形平衡的，主要适用于有气源的混合设备，使用时只需在仓体锥部安装几个喷嘴就可实现破拱，比较经济，效果较为理想。但在使下料均匀方面还有不足，特别是在空气潮湿的季节或地区，吹气会加速罐内水泥的冷却，水汽促使物料结块，导致给料不匀，影响计量。再者，在吹管附近易形成黏层，使破拱效果降低。因此，此处的气路必须增加油水分离器。

c.振动破拱。物料受振动有助于破拱，因为任何颗粒性散体物料受振动时其内摩擦系数减小，抗剪强度就会降低。振动破拱的特点是简单方便、易于控制、破拱有一定效果。但在物料振后静放时间长时，就有可能失效，甚至因为振密而出现使物料产生结块或堵塞料门的现象。同时，由于在锥体部振动，振动能量容易被锥体的钢板所吸收，导致破拱效果下降。

② 气浮式料仓排料系统。气浮系统由均匀安装在料仓锥形底部的浮化片构成，如图 3-33 所示。气浮效果是通过根据物料特性手动或自动调节气量的压缩空气均匀地透过这些特制的浮化片实现的。这种有效的料仓排料方式几乎适用于所有的精细干粉物料。气浮式系统所需压缩空气的量很小，是最经济的排料送料方式[19]。

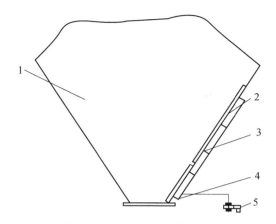

图 3-33 气浮式料仓排料系统

1—料仓；2—气浮片；3—快速接头；4—气管；5—电磁阀

③ 螺旋输送机。螺旋输送机是通过控制螺旋叶片的旋转、停止，达到对粉料上料的控制。螺旋输送机的特点是倾斜角度大（可达 60°），输送能力强，防尘、防潮性能好。螺旋输送机输送长度在 6m 以内可不加中间支承座，6～18m 的长度必须加中间支撑。为提高输送能力，采用变螺旋输送叶片的形式，在加料区段填充量大，随着螺距变大，填充量变小，可防止高流动粉状物料在输送时倒流。在使用过程中，必须注意螺旋轴轴承的密封与润滑；注意螺旋叶片磨损情况，若实测螺旋体外径与管体内壁间隙单边超过 1.5mm，螺旋体应进行修补或更换。如输送酸、碱性物料，必须采用耐腐蚀的不锈钢衬料制作。图 3-34 为螺旋输送机示意图。

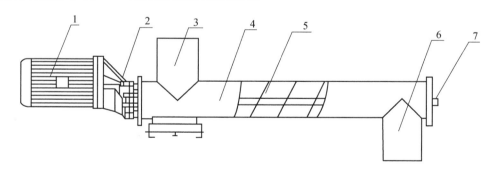

图 3-34 螺旋输送机示意图

1—电机；2—减速器；3—进料口；4—壳体；5—螺旋体；6—出料口；7—前盖总成

（3）配料计量系统

干混砂浆的配料计量系统是干混砂浆生产工艺中的重要环节，控制着各种混合料的配比。

配料计量系统采用电子秤。电子秤没有复杂的杠杆系统，它是用电桥式传感器来测定物料质量的，所以测量控制都很方便，自动化程度也易提高。《建筑施工机械与设备 干混砂浆生产成套设备（线）》（JB/T 11186—2011）对计量系统各指标做了相应规定，如表 3-3 所示。

表 3-3　计量系统指标

项目	允许误差
干砂计量精度	（约定）真值的±2%
粉料计量精度	（约定）真值的±1%或满量程的±0.3%（取二者的最大值）
掺和料计量精度	（约定）真值的±1%或满量程的±0.3%（取二者的最大值）
外加剂计量精度	（约定）真值的±1%或满量程的±0.3%（取二者的最大值）

注：外加剂的计量精度，直接影响成本和效益。

（4）混合搅拌系统

混合搅拌是干混砂浆生产工艺过程中极为重要的一道工序，是工厂的"心脏"。它的选型和质量好坏直接影响到产品质量和效益。只有将各种配合料混合均匀才能获得品质合格的砂浆[20]。

干粉砂浆的混合过程是混合机构连续不断地克服混合料的剪切应力和摩擦阻力的过程。从本质上讲，混合过程就是在流动场中进行动量传递或者进行动量、热量、质量传递的过程，最终使物料混合均匀。实际上，理想的完全均匀搅拌是无法达到的，其最佳状态总是无序的不规则的排列，是一种通过取样而得的"概率拌和"。

目前，市场上的混合机以立轴式混合机、卧式单轴铧犁（犁刀式）式混合机、卧式双轴（单轴）桨叶式混合机、卧式单轴（双轴）螺带型混合机为主。

① 双轴无重力桨叶式混合机。主要特点如下：

a. 适用范围广，尤其对密度、粒度等物性差异较大的物料混合时不产生偏析。

b. 混合速度快，混合精度高，混合过程温和，不会破坏物料的原始物理状态。

c. 多角度交叉混合，均匀无死角。

d. 设双大开门及取样装置，下料迅速干净、免清扫、无残留，并可随时观察机内物料搅拌情况。

e. 采用耐磨衬板及活桨叶片，便于更换、维修、保养，使用寿命长。

f. 能耗低，密封操作，运转平稳，噪声低，粉尘浓度低，不污染环境。

双轴桨叶式混合机有两种形式，一种是装有可调换耐磨合金衬板和搅拌叶片的Ⅰ型混合机（图 3-35），适合于骨料较粗的普通干混砂浆的生产，有很好的耐磨性和使用寿命；另一种是无衬板的Ⅱ型混合机，见图 3-36。

② 犁刀式混合机。犁刀式混合机使用范围广，可混合干性或潮湿物料、粉末物料和各类粗粒散装物料，见图 3-37。犁刀式混合机的特点如下：

a. 高混合均匀度：具有高效搅拌区，质量均匀，混合时间短。

b. 高混合效率：有效形成颗粒的剪切、扩散、对流混合机理。

c. 卸料速度快，无残余卸料：可配套密封性能优异的大倾角开门或小倾角开门机构。

d. 能耗低：能实现带载启动。

e. 更有效地配置高速刀片，高效地混合纤维和颜料。

f. 整体的耐磨损设计。

g. 多层保护轴头气密封。

h. 配置在线取样装置：可方便取样检测。

i. 维修保养方便，运行费用低。

图 3-35　Ⅰ型双轴桨叶式混合机　　　　　图 3-36　Ⅱ型双轴桨叶式混合机

图 3-37　犁刀式混合机

犁刀式混合机采用最先进、最科学的高速离散搅拌原理和核心技术，混合时，物料在叶片作用下，一方面沿筒体内壁进行周向和径向运动，另一方面物料又沿叶片两侧面的法线方向飞溅。当物料流经飞刀时，被高速旋转的飞刀强烈抛散，在叶片和飞刀的复合作用下，使物料不停地对流、剪切、扩散、翻动，从而在极短的时间内混合均匀。

③ 卧式螺带型混合机。卧式螺带型混合机分为卧式单轴螺带型混合机、卧式双轴螺带型混合机，如图 3-38、图 3-39 所示。卧式螺带型混合机搅拌叶片和搅拌臂通过螺

栓固定，可便捷地调整搅拌叶片与筒体间隙，延长叶片寿命，维修和更换也很方便，适合低黏性的细粉物料的搅拌，具有混合过程不产生偏析、均匀度好、性能稳定、物料残留少等特点。

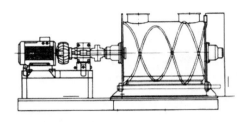

图 3-38 卧式单轴螺带型混合机

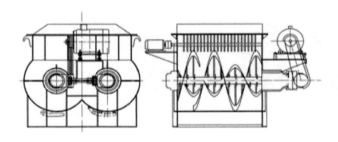

图 3-39 卧式双轴螺带型混合机

（5）散装与包装系统

混合后的成品干混砂浆进入经过混合机下的分料阀，进入成品储罐或直接散装和包装；进入干混散装运输车或选择进入包装机。

① 干混砂浆的散装。干混砂浆用散装机结构如图 3-40 所示。

当散装罐车停放在散装机下方时，现场操作员或主控制室人员给出信号，驱动装置控制散装机开始下放。待卸料机构接触罐车进料口时，安装料位计的卸料倒锥继续下放，至卸料通道阀门全部打开，此时卷扬钢丝绳处于放松状态，下限位开关动作，机构停止下放。下限位开关动作时，电控系统同时将解除散装头上方蝶阀开启锁定，此时操作人员给出信号后，散装头上方蝶阀即可打开，成品罐内预拌砂浆通过进料口开始卸料。混合后的成品干混砂浆进入混合机下的中间贮料仓，通过它下面的四通分料阀，可分别进行散装和包装，直接进入专用干混散装运输车或可选择进入包装机。

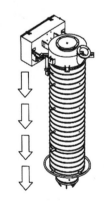

图 3-40 散装机结构示意

卸料过程中，除尘器将卸料过程中罐车内的含尘气体不断地从除尘口抽出，保证了罐车内的压力平衡和整个装填物料过程中的环境洁净。

当罐车内料位计检测到料满之后，散装头上方蝶阀立即关闭，停止放料，系统延时一段时间，脉冲除尘系统引风机停止工作，脉冲反吹继续对布袋进行反吹清灰，然后回粉至散装机并进入罐车。延时结束后，脉冲清灰动作停止，同时系统解除散装头上升锁定，此时操作人员才能发出信号将散装头提升脱离罐车。待散装头提升至上限位置时，限位装置给出信号，停止散装头上升。至此，散装头的一个工作周期完结[21]。

② 干混砂浆的包装。干混包装袋有敞口袋和阀口袋两种形式。敞口袋包装后需采用缝线封口，包装后的密封性较高，保存期长，适合高附加值、长距离运输的材料包装。阀口袋包装后可自动封袋，减少了缝线封口的人工，包装后的密封性较敞口袋差，在运输过程中易撒料，适合于短途运输后使用的材料包装。目前，干混砂浆的包装主要以阀口袋包装为主。

阀口式包装机根据给料方式不同分为螺旋包装机、叶轮包装机、气压式包装机。

（6）收尘系统

收尘设备是能将粉尘截留以免其散发到空气中的装置，是改善干混砂浆生产设备现场工作环境的重要设备，在系统中产生扬尘的部位均需布置。目前，常用的收尘设备有重力旋风收尘器和袋式脉冲收尘器。

① 重力旋风收尘器。重力旋风收尘器是利用颗粒的离心力而使粉尘与气体分离的一种收尘装置，常用于干燥系统的收尘。它是由锥形筒、外圆筒、进气管、排气管、排灰管及贮灰箱组成，结构简单、性能好、造价低、维护容易，因而应用广泛。

② 袋式脉冲收尘器。袋式收尘器是一种利用天然纤维或人造纤维做过滤布，将气体中的粉尘过滤出来的净化设备。因为滤布都做成袋形，所以一般称为袋式收尘器。袋式收尘器常用于混合粉尘源的收尘。这种方式在安装初期效果显著，时间一长，袋壁上积尘如不清理，则除尘效果就差，所以干混砂浆生产设备的收尘器要定期清理积尘，具有这种功能的常用袋式收尘器为机械振动式和负压圆筒式。

3.2.3　再生砂浆（干混）一体化生产线

建筑垃圾制砂（机制砂）-干混砂浆生产一体化成套生产系统是干混砂浆行业近年来的一个重大进展。其显著特点是将建筑垃圾破碎，形成再生砂，然后以再生砂配比一定的机制砂直接用于制造干混砂浆。在生产过程中，只要通过控制入料建筑垃圾的表面含水率，就可保证破碎后所得再生砂的含水率不大于0.5%，砂子就不需要烘干，可起到节省设备投资、降低能耗的综合效果。由于这种建筑垃圾制砂-干混砂浆一体化成套生产系统在实际的生产中不存在烘干环节，因而，目前市场上也将其称为"免烘干"干混砂浆生产线。

建筑垃圾制砂（机制砂）-干混砂浆生产一体化成套生产系统采用计算机全自动控制，主要通过对各系统的工艺过程及配方和防尘进行自动控制来实现全自动生产。其工艺流程如图3-41所示，该系统主要由再生砂的制造（建筑垃圾、尾矿的破碎、制砂、筛分）及储存系统，胶结料、填料及添加剂的仓储系统，主、辅材料的配料计量系统，搅拌混合系统，产品的储存、包装、散装及运输系统组成。

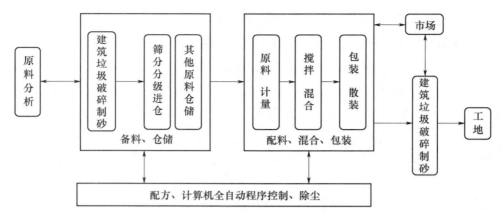

图 3-41　建筑垃圾制砂（机制砂）-干混砂浆生产一体化成套生产系统工艺流程

再生砂的制造及储存系统主要由破碎制砂机、循环筛分机、振动分级筛、分级储存仓、石粉仓、输送设备、提升设备及除尘设备组成。建筑垃圾首先进行冲洗除去含泥杂质，在原料场初级破碎使其符合系统的制砂进料尺寸要求，这些无含泥杂质的干净原料送入工厂库房（凉棚）堆放储存，干混砂浆生产时通过上料皮带机送至破碎制砂机，成型砂通过出料斗式提升机送至循环筛分系统；符合要求的再生砂提升到分级振动筛分级后进入相应的分级砂储仓储存，不符合要求的再生砂回送至破碎制砂机循环破碎；制砂产生的石粉送入石粉仓储存。

制砂干混一体机的特点：

（1）设备整体布局紧凑，集成化程度较高，占地面积小，设备占地 $1000m^2$ 左右。

（2）设备整体各功能模块清晰，整齐划一，物流通道布置合理，成品料运送顺畅。

（3）设备整体各扬尘点配置有不同的除尘器，满足使用要求，实现清洁生产。

（4）设备各单元集中制砂、筛分、配料、搅拌、包装、成品散装等，没有多余中间环节，能耗最低，且各关键部件采取节能装备，能耗较低。

（5）制砂干混一体机运输、安装等较集中，安装成本较低。

（6）制砂干混一体机电气控制系统集中，中间各环节路程较短，便于控制，且电控成本较低。系统集成操作室可一体化控制操作，减少操作中间环节、效率较高。

（7）制砂系统配置专用于石粉回收粉仓仓储，并且可以满足散装物流需求。

（8）成品砂可以满足商品混凝土、干混砂浆生产线应用。

3.3　物流设备

再生干混砂浆的运输根据其包装形式不同而不同。袋装产品一般用货运车即可，而散装产品须用干混砂浆运输车。由于散装具有节能、环保的特点，散装物流是干混砂浆工业化推广的方向。散装干混砂浆物流包括砂浆在生产现场的储存、利用背罐车及干混砂浆散装移动筒仓（俗称储料罐）或散装干混砂浆运输车从生产场地运到施工场地、在施工场地的储存和在施工场地的施工前准备等过程。

　　一般地，再生干混砂浆工艺流程或作业方式首先由与仓筒式干混砂浆连续搅拌一体机组合使用的背罐车（图 3-42）将储料罐运输到施工工地，然后散装干混砂浆运输车在砂浆厂散装口装料，并将干混砂浆运输至工地，利用外接气源或运输车自带的供气装置将散装干混砂浆输送至储料罐，最后利用搅拌器进行加水搅拌，生产出符合要求的湿砂浆供施工人员直接使用，同时或配合喷浆设备进行机械化喷涂作业。

图 3-42　与仓筒式干混砂浆连续搅拌一体机组合使用的背罐车

　　此外，运输车还有自带举升机构的气卸式运输车、多漏斗流化结构的卧式罐装运输车和改进的散装水泥基型运输车。

　　自带举升机构的气卸式干混砂浆运输车如图 3-43 所示。其优点有：在举升状态下，半倾斜的气卸料方式减轻了运输过程中产生的离析；由于其流化系统床层面积较小而不易导致罐内物料分层，减少了气卸时罐内离析的发生；卸料速度快，物料几乎无剩余。缺点有：在气卸到移动储罐时，仓罐内产生少量的离析问题；气卸过程中因结拱而产生堵管问题；由于大多数施工现场受实际工况所限，不能很好地为车辆提供可靠的举升气卸条件，存在车辆侧翻的危险性。

图 3-43　自带举升机构的气卸式运输车

多漏斗流化结构的卧式罐装干混砂浆运输车如图 3-44 所示。其优点有：能够有效地保持气卸速度、较低的残余率；降低卸料时罐内物料分层离析程度。其缺点有：制造成本高、操作烦琐；运输过程中存在少量的离析现象；气卸过程中存在结拱堵管问题；在气卸进入移动储罐时，也会有离析问题[22]。

图 3-44　多漏斗流化结构的卧式罐装运输车

改进的散装水泥基型运输车如图 3-45 所示。其优点有：制造成本相对低廉；卸料速度可靠。其缺点有：残余率较高；卸料时由于罐内大面积的物料运动而容易分层离析；运输过程中物料也容易离析；气卸过程中偶发结拱堵管问题；在气卸进入移动储罐时，将会有少量离析。

图 3-45　改进的散装水泥基型运输车

和预拌混凝土一样，再生湿拌砂浆在运输的过程中存在离析问题，并且由于水泥在浆体体系中容易水化从而导致凝结硬化，因而砂浆的物流过程中必须不断搅拌，并且再生湿拌砂浆一般要在规定时间内用完。根据气温和种类的影响差异，对砂浆的储存时间有严格规定，在有些情况下，需要加入缓凝剂以满足储存时间的需要。

　　搅拌好的砂浆应由带有搅拌装置的运输车运输。如果容器不带搅拌装置，那么砂浆在运输过程中，由于车辆运输途中的颠簸、振动，易使砂浆中的砂下沉，水分上浮，产生离析现象。砂浆也可由混凝土搅拌运输车运输。混凝土搅拌运输车运输砂浆前，应清洗干净，确保旋转筒体内没有残余的混凝土等杂物。

3.4　储存与搅拌设备

3.4.1　湿拌砂浆储存与搅拌

　　再生湿拌砂浆应使用带搅拌装置的运输车运输，运输车的方量大小应遵循经济原则。装料口应保持清洁，筒体内不得有积水、积浆，在运输和卸料时不得随意加水，以确保砂浆配合比符合设计要求，从而保证砂浆的质量。

　　再生湿拌砂浆运到现场后，必须储存在不吸水的密闭容器内。选用铁质容器，其储存效果较好，但投资较高（图 3-46）。

图 3-46　湿拌砂浆储料罐

　　可用砖或砌块砌筑灰池，再用防水砂浆（吸水率小于 5%）抹面，其投资额较小。但防水砂浆的抹面非常重要，应确保防水层抹面的施工质量，在砂浆中添加纤维材料，减少砂浆裂缝。灰池地坪应有一定的坡度找平，便于清洗。灰池应有足够面积的顶棚，防雨防晒。砂浆储存在灰池中，应用塑料布完全遮盖灰池表面，以保证砂浆处于密闭状态[23]。

　　现场灰池的位置应便于运输车辆的卸料和车辆的进出。如果灰池布置过密或与施工现场道路连接不当，可能会造成搅拌运输车不能卸料或进出不方便而影响卸料速度。一般灰池高度为 1.0～1.3m。灰池高度太高，会增加劳动强度；灰池高度太低，则储存量偏少，需再增加灰池数量。灰池应有明显的刻度线，便于砂浆的计量。

　　为保证湿拌砂浆的质量，提高现场管理水平，砂浆储存时应做好以下几方面的工作：

（1）砂浆运至储存地点除直接使用外，经稠度、密度检验合格的砂浆应在灰池储存。

（2）储存前灰池必须清空。

（3）砂浆应放到灰池的刻度线，并予以确认；随后覆盖塑料布。一个灰池一次只能储存一个品种的砂浆。

（4）灰池应有明显标志，标明砂浆的种类、数量和储存的起始时间。

（5）使用时应集中进行，避免砂浆的水分多次蒸发。

（6）砂浆应在规定使用时间内使用，不得使用超过凝结时间的砂浆。

（7）砂浆在灰池中严禁加水。

（8）砂浆储存在灰池中，可能会少量泌水，使用前应重新搅拌。

（9）储存地点的气温，不宜超过 37℃，不宜低于 0℃。灰池应避免阳光直晒和雨淋。

（10）砂浆使用完毕后，应立即清除残留在灰池壁上、池底和塑料布上的少量砂浆残余物。

（11）清空的灰池应设立明显的标志以备下次使用。清洗灰池过程中的砂浆残余物不得使用。

3.4.2　干拌砂浆储存与搅拌

搅拌砂浆罐的发展已经历四个阶段：第一代标准型搅拌砂浆罐（优点：操作方便，环保无扬尘；缺点：搅拌时间短，搅拌均匀性不够）；第二代滚筒型搅拌砂浆罐（优点：搅拌时间可控，拌料匀，设备简单，维修率低；缺点：放料过程有扬尘）；第三代加长型搅拌砂浆罐（优点：搅拌时间加长，搅拌均匀性较好；缺点：搅拌性能还不够好）；第四代强制型搅拌砂浆罐（优点：强制式搅拌，时间可控，砂浆搅拌 100％熟。每锅可搅拌 0.35m³，产量可达 9m³/h，装车速度快。每锅集中搅拌 300～500kg，砂浆防离析；缺点：制造成本较高）。四代搅拌砂浆罐如图 3-47 所示。

图 3-47　四代干混搅拌砂浆罐

　　砂浆储料罐可用于生产场地和干混砂浆的储存，与重载背罐车组合可以进行干混砂浆的运输。干混砂浆储料罐用于干混砂浆的储运，它可以空载或负载被运输至施工工地，和干混砂浆搅拌机等施工设备配合使用。它主要由筒体、进料管、排气管、装料阀门、检修人孔（在筒仓负载运输时作为装料口使用）、手动蝶阀、支撑座架、振动电动机和用于与背罐车相连接的专用插耳及吊耳等组成。储料罐应设有防离析装置。干混砂浆是散体粉状和颗粒状材料的混合物，在粉状和颗粒状材料混合后，由于其各自的属性不同，在储存、运输、使用过程中都可能发生粉体和颗粒物的二次分离，这种现象就是干混砂浆的离析现象。干混砂浆的离析是业界的技术难题之一。造成离析的原因有：物料休止角不同，储料罐的内部结构不合理[23-24]。

　　为降低砂浆罐的离析现象，应使让砂浆进入罐体后，通过计算好的防离析管一层一层地往上堆积，而不是自由下坠形成锥体后自由堆高。如图 3-48 所示。

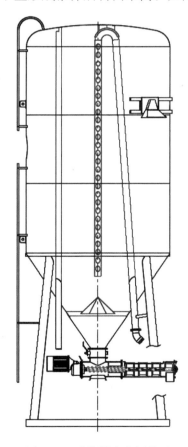

图 3-48　砂浆罐防离析装置

参考文献

［1］卢洪波，廖清泉，司常钧. 建筑垃圾处理与处置［M］. 郑州：河南科学技术出版社，2016.

［2］钱慧丽. 预拌砂浆应用技术［M］. 北京：中国建材工业出版社，2015.

[3] 尤大晋.预拌砂浆实用技术 [M].北京:化学工业出版社,2011.

[4] 蔡秀兰.再生细骨料混合砂浆配合比及物理性能实验研究 [D].郑州:郑州大学,2010.

[5] 曾光远.新型建材预拌干粉砂浆简介 [J].化工新型材料,2004,32(4):56-58.

[6] 李向阳,梁芮,赵志浩,等.预拌砂浆及再生砂浆研究与发展现状 [J].环境与可持续发展,2016,41(1):155-157.

[7] 朱双明.干粉砂浆设备应用的典型问题及技术改进 [J].中国高新技术企业,2016(14):29-30.

[8] 匙明申,王刚,郭力功.干混砂浆生产线综述及技术要点(上) [J].建筑机械,2017(5):20-22.

[9] 匙明申,王刚,郭力功.干混砂浆生产线综述及技术要点(下) [J].建筑机械,2017(6):18-20.

[10] 梁荣能.干混砂浆生产过程的工艺管理与质量控制分析 [J].四川水泥,2017(5):16.

[11] 封培然,竺斌,宋利丽.浅谈机制砂干混砂浆的过程控制(Ⅲ) [J].商品混凝土,2016(6):47-49.

[12] 章银祥,徐海峰,刘亚菲.集料含水率对普通干混砂浆性能的影响 [C]//中国硅酸盐学会房材分会,等.第五届全国商品砂浆学术交流会论文集.南京:2013.

[13] 任卫民,李华.试分析干混砂浆生产过程质量管理和控制 [J].建筑工程技术与设计,2016(16):2706.

[14] 封培然,竺斌,宋利丽.干混砂浆生产过程中几个问题的探讨 [J].水泥工程,2015(3):73-77.

[15] 陈岳敏,颜世涛,郭永亮,等.干混砂浆质量控制与常见问题分析 [J].商品混凝土,2013(4):48-50.

[16] 孙广烨.干混砂浆储运过程物料均匀性的研究 [D].大连:大连理工大学,2015.

[17] 蔡容容.流化床中重质大颗粒运动规律研究 [D].北京:清华大学,2014.

[18] 张昱,韦艳芳,彭政,等.倾斜沙漏流与颗粒休止角研究 [J].物理学报,2016,65(8):215-222.

[19] 刘杰.粉体物料锥形料仓卸料特性研究 [D].北京:中国科学院,2013.

[20] 郑镭,纪宏超.干混砂浆运输车的防离析设计 [J].中国粉体技术,2012,18(6):22-24.

[21] 王运峰.干混砂浆运输车的现状及发展趋势 [J].商用汽车,2011(22):20-22.

[22] 秦雯.基于颗粒物质特性的路面材料离析过程研究 [D].西安:长安大学,2011.

[23] 肖群芳,李岩凌,尹帅,等.散装干混砂浆在物流设备中的均匀性研究(一) [C]//中国建筑业协会材料分会预拌砂浆推广委员会.2009预拌砂浆发展论坛论文集.北京:2009.

[24] 陈延信,徐德龙,肖国先.仓内粉体流动现象与改流体的作用效果分析 [J].中国粉体技术,2000(S1):174-176.

4 再生砂浆性能检测与质量控制

4.1 再生砂浆性能检测试验方法

4.1.1 稠度

再生砂浆的稠度检验参考标准:《建筑砂浆基本性能试验方法标准》(JGJ/T 70—2009)

(1) 仪器设备

① 砂浆稠度测定仪。如图 4-1 所示,由试锥、容器和支座等组成。试锥由钢材或铜材制成,试锥高度为 145mm,锥底直径为 75mm,试锥连同滑杆的质量应为(300±2)g;盛载砂浆的容器由钢板制成,筒高为 180mm,锥底内径为 150mm;支座分底座、支架及刻度盘三个部分,由铸铁、钢及其他金属制成。

② 钢制捣棒。直径 10mm,长 350mm,端部磨圆。

③ 秒表等。

图 4-1 砂浆稠度测定仪

（2）试验步骤

① 采用湿抹布擦净盛浆容器和试锥表面，将砂浆拌和物一次性装入容器。

② 砂浆表面宜低于容器口 10mm，用捣棒自容器中心向边缘均匀地插捣 25 次，然后轻轻地将容器摇动敲击 5～6 下，使砂浆表面平整，最后将容器置于稠度测定仪的底座上。

③ 拧开制动螺丝，向下移动滑杆，当试锥尖端与砂浆表面刚接触时，应拧紧螺丝，并将指针对准零点。

④ 拧开螺丝，同时计时，10s 时立即拧紧螺丝，将齿条测杆下端接触滑杆上端，从刻度盘上读出下沉深度（精确至 1mm），即为砂浆的稠度值。

⑤ 盛浆容器内砂浆，只允许测定一次稠度，重复测定时，应重新取样测定。

⑥ 同盘砂浆应取两次试验结果的算术平均值作为测定值。

⑦ 当两次试验值之差大于 10mm 时，应重新取样测定。

4.1.2 表观密度

再生砂浆的表观密度检测参照《建筑砂浆基本性能试验方法标准》（JGJ/T 70—2009），本方法适用于测定砂浆拌和物捣实后的单位体积质量（即质量密度），以确定每 $1m^3$ 砂浆拌和物中各组成材料的实际用量。

（1）仪器设备

① 容量筒。金属制成，内径 108mm，净高 109mm，筒壁厚 2mm，容积 1L。

② 天平。量程 5kg，感量 5g。

③ 钢制捣棒。直径 10mm，长 350mm，端部磨圆。

④ 砂浆密度测定仪。如图 4-2 所示。

⑤ 振动台。振幅（0.5±0.05）mm，频率（50±3）Hz。

⑥ 秒表。

（2）试验步骤

① 测定砂浆拌和物的稠度。

图 4-2　砂浆密度测定仪

② 用湿布擦净容量筒的内表面，称量容量筒质量 m_1，精确至 5g。

③ 捣实可采用手工或机械方法。当砂浆稠度大于 50mm 时，宜采用人工插捣法；当砂浆稠度小于 50mm 时，宜采用机械振动法。

采用人工插捣法时，将砂浆拌和物一次装满容量筒，使之稍有富余。用捣棒由边缘向中心均匀地插捣 25 次，插捣过程中如砂浆沉落到低于筒口，则应随时添加砂浆，再用木槌沿容器外壁敲击 5～6 下。

采用机械振动法时，将砂浆拌和物一次装满容量筒，连同漏斗在振动台上振动 10s，振动过程中如砂浆沉落到低于筒口，应随时添加砂浆。

④ 捣实或振动后将筒口多余的砂浆拌和物刮去，使砂浆表面平整，然后将容量筒外壁擦净，称出砂浆与容量筒总质量 m_2，精确至 5g。

（3）数据处理

砂浆的表观密度 ρ 按式（4-1）进行计算。

$$\rho=\frac{m_2-m_1}{V}\times 1000 \tag{4-1}$$

式中　ρ——砂浆拌和物的质量密度（kg/m^3）；

　　　m_1——容量筒质量（kg）；

　　　m_2——容量筒及试样质量（g）；

　　　V——容量筒容积（L）。

砂浆的表观密度取两次试验结果的平均值作为测定值，精确至 $10kg/m^3$。

注：容量筒容积的校正，可采用一块能覆盖住容量筒顶面的玻璃板，先称出玻璃板和容量筒质量。然后向容量筒中灌入温度为（20±5）℃的饮用水，灌到接近上口时，一边不断加水，一边把玻璃板沿筒口徐徐推入、盖严。应注意使玻璃板下不带入任何气泡，擦净玻璃板面及筒壁外的水分，称量容量筒、水和玻璃板质量（精确至 5g）。后者与前者质量之差（以 kg 为单位）即为容量筒的容积（以 L 为单位）。

4.1.3　保水性

再生砂浆的保水性试验参照《建筑砂浆基本性能试验方法标准》（JGJ/T 70—2009），以判定砂浆拌和物在运输及停放时内部组分的稳定性。

（1）仪器设备

① 金属或硬塑料圆环试模。内径 100mm，内部高度 25mm。

② 取样容器。可密封，应清洁、干燥。

③ 重物。2kg。

④ 医用棉纱。110mm×110mm，宜选用纱线稀疏、厚度较薄的棉纱。

⑤ 超白滤纸。符合《化学分析滤纸》（GB/T 1914—2017）的中速定性滤纸，直径 110mm，$200g/m^2$。

⑥ 金属或玻璃的方形或圆形不透水片。2 片，边长或直径大于 110mm。

⑦ 天平。量程 200g，感量 0.1g；量程 2000g，感量 1g。

⑧ 干燥箱。

（2）试验步骤

① 称量下不透水片与干燥试模质量 m_1、15 片中速定性滤纸质量 m_2。

② 将砂浆拌和物一次性填入试模，并用抹刀插捣数次。当填充砂浆略高于试模边缘时，用抹刀以 45°角一次性将试模表面多余的砂浆刮去，然后用抹刀以较平的角度在试模表面反方向将砂浆刮平。

③ 抹掉试模边的砂浆，称量试模、下不透水片与砂浆总质量 m_3。

④ 用 2 片医用棉纱覆盖在砂浆表面，再在棉纱表面放上 15 片滤纸，用不透水片盖在滤纸表面，以 2kg 的重物压不透水片。

⑤ 静止 2min 后移走重物及不透水片，取出滤纸（不包括棉纱），迅速称量滤纸质量 m_4。

⑥ 根据砂浆的配合比及加水量计算砂浆的含水率。若无法计算，可按式（4-2）测定砂浆的含水率。

（3）数据处理

砂浆的保水率按式（4-2）进行计算。

$$W = \left[1 - \frac{m_4 - m_2}{\alpha \times (m_3 - m_1)} \right] \times 100 \qquad (4\text{-}2)$$

式中　W——砂浆的保水率（%）；

　　　m_1——下不透水片与干燥试模的总质量（g），精确至 1g；

　　　m_2——吸水前滤纸质量（g），精确至 0.1g；

　　　m_3——下不透水片、试模和砂浆的总质量（g），精确至 1g；

　　　m_4——吸水后滤纸的质量（g），精确至 0.1g；

　　　α——砂浆含水率（%）。

取两次试验结果的平均值作为砂浆的保水率测定值，精确至 0.1%。当两个测定值之差超出平均值的 2% 时，则此组试验结果无效。

（4）砂浆含水率测试方法

称取 100g 砂浆拌和物试样，置于一干燥并已称重的盘中，在（105±5）℃的干燥箱中烘干至恒重，砂浆含水率应按式（4-3）进行计算。

$$\alpha = \frac{m_6 - m_5}{m_6} \times 100 \qquad (4\text{-}3)$$

式中　α——砂浆含水率（%）；

　　　m_5——烘干后砂浆样品的质量（g），精确至 1g；

　　　m_6——砂浆样品的总质量（g），精确至 1g。

取两次试验结果的平均值作为砂浆的含水率，精确至 0.1%。若两个测定值之差超出平均值的 2%，则此组试验结果无效。

4.1.4　凝结时间

再生砂浆的凝结时间测试参照《建筑砂浆基本性能试验方法标准》（JGJ/T 70—2009），本方法适用于贯入阻力法确定砂浆拌和物的凝结时间。

（1）仪器设备

① 砂浆凝结时间测定仪。如图 4-3 所示，由试针、容器、台秤和支座等组成，并应符合下列规定。

a. 试针。不锈钢制成，截面面积为 30mm²。

b. 盛砂浆的容器。由钢制成，内径 140mm，高 75mm。

c. 压力表。称量精度为 0.5N。

d. 支座。分底座、支架及操作杆三部分，由铸铁或钢制成。

② 定时钟。

（2）试验步骤

① 将制备好的砂浆拌和物装入砂浆容器内，并低于容器上口 10mm，轻轻敲击容器，将砂浆抹平，盖上盖子，放在（20±2）℃的条件下保存。

② 砂浆表面的泌水不清除，将容器放到压力表圆盘上，然后通过以下步骤来调节测定仪。

图 4-3　砂浆凝结时间测定仪

a. 调节螺母 3，使贯入试针与砂浆表面接触。

b. 松开调节螺母 2，再调节螺母 1，确定压入砂浆内部的深度为 25mm 后再拧紧调节螺母 2。

c. 旋动调节螺母 3，使压力表指针调到零位。

③ 测定贯入阻力值，用截面面积为 30mm² 的贯入试针与砂浆表面接触，在 10s 内缓慢而均匀地垂直压入砂浆内部 25mm 深，每次贯入时记录仪表读数 N_p，贯入杆离开容器边缘或已贯入部位至少长度为 12mm。

④ 在（20±2）℃的试验条件下，在成型后 2h 开始测定实际贯入阻力值，以后每隔 0.5h 测定一次，至贯入阻力值达到 0.3MPa 后，改为每 15min 测定一次，直至贯入阻力值达到 0.7MPa 为止。

注：施工现场测定凝结时间时，其砂浆稠度、养护和测定的温度与现场相同。在测

定湿拌砂浆的凝结时间时，时间间隔可根据实际情况来定，如可定为受检砂浆预测凝结时间的 1/4、1/2、3/4 等，当接近凝结时间时改为每 15min 测定一次。

（3）数据处理

① 砂浆贯入阻值按式（4-4）进行计算。

$$f_p = \frac{N_p}{A_p} \tag{4-4}$$

式中　f_p——贯入阻力值（P），精确 0.01MPa；

N_p——贯入深度至 25mm 时的静压力（N）；

A_p——贯入试针的截面面积，即 30mm²。

② 凝结时间的确定可采用图示法或内插法，有争议时应以图示法为准。图示法为从加水搅拌时开始计时，分别记录时间和相应的贯入阻力值，根据试验所得各阶段的贯入阻力与时间的关系绘图，由图求出贯入阻力值达到 0.5MPa 时所需时间，即为砂浆的凝结时间测定值。

③ 测定砂浆凝结时间时，应在同一盘内取两个试样，以两个试验结果的平均值作为该砂浆的凝结时间值，两次试验结果的误差不应大于 30min，否则应重新测定。

4.1.5　抗压强度

再生砂浆的抗压强度测试参照《建筑砂浆基本性能试验方法标准》（JGJ/T 70—2009）。

（1）仪器设备

① 试模。尺寸为 70.7mm×70.7mm×70.7mm 的带底试模，应具有足够的刚度并拆装方便。试模内表面的不平整度应为每 100mm 不超过 0.05mm，组装后各相邻面的不垂直度不应超过±0.5°。

② 钢制捣棒。直径为 10mm，长为 350mm，端部应磨圆。

③ 压力试验机。精度为 1%，试件破坏荷载应不小于压力试验机量程的 20%，且不大于全量程的 80%。

④ 垫板。试验机上、下压板及试件之间可垫钢垫板，垫板的尺寸应大于试件的承压面，其不平度应为每 100mm 不超过 0.02mm。

⑤ 振动台。空载中台面的垂直振幅应为（0.50±0.05）mm，空载频率应为（50±3）Hz，空载台面振幅均匀度不大于 10%，一次试验至少能固定（或用磁力吸盘）3 个试模。

（2）立方体抗压强度试件的制作及养护步骤

① 采用立方体试件，每组 3 个试件。

② 应用黄油涂抹试模的外接缝，试模内涂刷薄层机油或脱模剂，将拌制好的砂浆一次性装满砂浆试模，成型方法根据稠度而定。当稠度≥50mm 时，采用人工振捣法成型；当稠度<50mm 时，采用机械振动法振实成型。

a. 人工振捣法：用捣棒均匀地由边缘向中心按螺旋方式插捣 25 次，插捣过程中如砂浆沉落低于试模口，应随时添加砂浆，可用油灰刀插捣数次，并用手将试模一边抬高5～10mm，各振动 5 次，使砂浆高出试模顶面 6～8mm。

b. 机械振动法：将砂浆一次性装满试模，放置到振动台上，振动时试模不得跳动，振动 5～10s 或持续到表面出浆为止，不得过振。

③ 待表面水分稍干后，将高出试模部分的砂浆沿试模顶面刮去并抹平。

④ 试件制作后，应在室温为（20±5）℃的环境下静置（24±2）h，当气温较低时，可适当延长时间，但不应超过两昼夜。然后对试件进行编号、拆模。试件拆模后应立即放入温度为（20±2）℃，相对湿度为 90％以上的标准养护室中养护。养护期间，试件彼此间隔不小于 10mm，混合砂浆试件上面应覆盖以防有水滴在试件上。

（3）砂浆立方体试件抗压强度试验步骤

① 试件从养护地点取出后应及时进行试验。试验前将试件表面擦拭干净，测量尺寸，检查其外观。并据此计算试件的承压面积，如实测尺寸与公称尺寸之差不超过1mm，可按公称尺寸进行计算。

② 将试件安放在试验机的下压板（或下垫板）上，试件的承压面应与成型时的顶面垂直，试件中心应与试验机下压板（或下垫板）中心对准。开动试验机，当上压板与试件（或上垫板）接近时，调整球座，使接触面均衡受压。承压试验应连续而均匀地加荷，加荷速度应为 0.25～1.5kN/s（砂浆强度不大于 2.5MPa 时，宜取下限），当试件接近破坏而开始迅速变形时，停止调整试验机油门，直至试件破坏，然后记录破坏荷载。

（4）数据处理

砂浆立方体抗压强度应按式（4-5）计算。

$$f_{m,cu} = k\frac{N_u}{A} \tag{4-5}$$

式中　$f_{m,cu}$——砂浆立方体试件抗压强度（MPa），精确至 0.1MPa；

　　　N_u——砂浆试件破坏荷载（N）；

　　　A——砂浆试件承压面积（mm²）；

　　　k——砂浆换算系数，取 1.35。

以三个试件测量值的平均值作为该组试件的砂浆立方体试件抗压强度值（精确至0.1MPa）。三个测量值的最大值或最小值中，如有一个与中间值的差值超过中间值的15％，则把最大值及最小值一并舍弃，取中间值作为该组试件的抗压强度值；如有两个测量值与中间值的差值均超过中间值的 15％，则该组试件的试验结果无效。

4.1.6 拉伸黏结强度

再生砂浆的拉伸黏结强度是指砂浆和涂覆基底之间的黏结强度。再生砂浆的拉伸黏结强度测试参照《建筑砂浆基本性能试验方法标准》（JGJ/T 70—2009）。标准试验条件为温度（20±5）℃，相对湿度 45％～75％。

（1）仪器设备

① 拉力试验机。破坏荷载应在其量程的 20％～80％ 范围内，精度 1％，最小示值 1N。

② 拉伸专用夹具（图 4-4）。符合《建筑室内用腻子》（JG/T 298—2010）的要求。

③ 成型框。外框尺寸 70mm×70mm，内框尺寸 40mm×40mm，厚度 6mm，材料为硬聚氯乙烯或金属。

④ 钢制垫板。外框尺寸 70mm×70mm，内框尺寸 43mm×43mm，厚度 3mm。

（2）试件制备

① 基底水泥砂浆试件的制备。原材料：水泥符合《通用硅酸盐水泥》（GB 175—2007）的 P·O 42.5 级水泥的标准；砂符合《普通混凝土用砂、石质量及检验方法标准》（JGJ 52—2006）的标准；

图 4-4　砂浆拉伸黏结强度专用夹具

水符合《混凝土用水标准》（JGJ 63—2006）的用水标准。

配合比：水泥∶砂∶水＝1∶3∶0.5（质量比）。

成型：将按上述配合比制成的水泥砂浆倒入 70mm×70mm×20mm 的硬聚氯乙烯或金属模具中，振动成型或人工成型。试模内壁事先涂刷水性脱模剂，待干、备用。成型 24h 后脱模，放入（20±2）℃水中养护 6d，再在试验条件下放置 21d 以上。试验前用 200♯砂纸或磨石将水泥砂浆试件的成型面磨平，备用。

② 砂浆料浆的制备。待检样品应在试验条件下放置 24h 以上。称取不少于 10kg 的待检样品，按产品制造商提供比例称量水（若只给出一个范围，则采用平均值）。将待检样品放入砂浆搅拌机中，启动机器，徐徐加入规定的水量，搅拌 3～5min。搅拌好的料应在 2h 内用完。

③ 拉伸黏结强度试件的制备。将成型框放在制备好的水泥砂浆试块的成型面上，将制备好的干混砂浆料试样倒入成型框中，用捣棒均匀插捣 15 次，人工颠实 5 次，再转 90°，再颠实 5 次，然后用刮刀以 45°方向抹平砂浆表面，轻轻脱模，在温度（20±2)℃、相对湿度 60％～80％的环境中养护至规定龄期。每一砂浆配比至少制备 10 个试件。

（3）拉伸黏结强度试验步骤

① 将试件在标准试验条件下养护 13d，在试件表面涂上环氧树脂等高强度黏合剂，然后将上夹具对正位置，放在黏合剂上，并确保上夹具不歪斜，继续养护 24h。

② 测定拉伸黏结强度时，先将钢制垫板套入基底砂浆块上，再将拉伸黏结强度夹具安装到试验机上，试件置于拉伸夹具中，夹具与试验机的连接宜采用球铰活动连接，以（5±1）mm/min 速度加荷至试件破坏。试验时，破坏面若在检验砂浆内部，则认为

该值有效，并记录试件破坏时的荷载值；若为拉伸夹具与黏合剂破坏，则试验结果无效。

（4）数据处理

拉伸黏结强度应按式（4-6）计算。

$$f_{at} = \frac{F}{A_Z} \tag{4-6}$$

式中　f_{at}——砂浆的拉伸黏结强度（MPa）；

F——试件破坏时的荷载（N）；

A_Z——黏结面积（mm²）。

单个试件的拉伸黏结强度值应精确至 0.01MPa，计算 10 个试件的平均值。如单个试件的强度值与平均值之差大于 20％，则逐次舍弃偏差最大的试验值，直至各试验值与平均值之差不超过 20％。当 10 个试件中有效数据不少于 6 个时，取剩余数据的平均值为试验结果，结果精确至 0.01MPa；当 10 个试件中有效数据不足 6 个时，则此组试验结果无效，应重新制备试件进行试验。有特殊条件要求的拉伸黏结强度，按要求条件处理后，重复上述试验。

4.1.7　吸水率

吸水率是衡量材料完全浸泡在水中一段时间后，吸收水分的质量与其干燥状态的质量比，或者为吸收水分的体积与其干燥状态的表观体积比，前者称为质量吸水率，后者称为体积吸水率。它表示了材料内部孔隙大小、材料与水的亲和作用。材料毛细孔大，材料吸水率就高，材料毛细孔表面张力大，材料吸水率就相应大。材料吸水率大小和材料的抗压强度、耐久性和导热系数有一定的相关性。水泥砂浆吸水率的大小与其本身的孔结构、密实程度以及表面状况等密切相关。

一般而言，水泥砂浆越密实，其吸水率越小；水泥砂浆的开口孔越少，其吸水率越小；水泥砂浆表面越致密，其吸水率越小。因此，水泥砂浆密实程度、孔结构及表面状况等相关的因素同样也影响到其吸水性。在预拌砂浆中，砂等骨料起到支架作用，而水泥、矿物掺和料、无机填料等粉体材料起到填充、支架作用，因此骨料与粉体材料的合理搭配对水泥砂浆硬化后形成结构致密的硬化体具有重要作用。用水量的多少也对砂浆吸水率具有明显影响，用水量越大，则水泥砂浆浆体中易形成孔洞，不密实，增大砂浆吸水率。因此在满足预拌砂浆工作性的前提下，应尽可能地减少拌和用水。粉煤灰能显著改善水泥砂浆吸水率，且随着其掺量和颗粒细度的增大，水泥砂浆吸水率逐渐降低，原因在于粉煤灰能降低水泥砂浆孔隙率，改善水泥砂浆孔结构，增加水泥砂浆密实度，提高抗渗性。

（1）仪器设备

天平：感量 1g；

烘箱：精度±2℃；

水槽：水温保持（20±2）℃。

（2）试验步骤

① 应按立方体抗压强度试验的规定成型及养护试件，并应在第 28d 取出试件，然后在（105±5）℃温度下烘干（48±0.5）h，称其质量 m_0。

② 应将试件成型面朝下放入水槽，用两根 $\phi10$ 的钢筋垫起。试件应完全浸入水中，且上表面距离水面的高度应不小于 20mm。浸水（48±0.5）h 后取出，用拧干的湿布擦去表面水，称其质量 m_1。

（3）数据处理，见式（4-7）。

$$W_X = \frac{m_1 - m_0}{m_0} \times 100 \tag{4-7}$$

式中 W_X——砂浆吸水率（%）；

m_1——吸水后试件质量（g）；

m_0——干燥试件的质量（g）。

取 3 块试件测值的算术平均值作为砂浆的吸水率，并应精确至 1%。

4.1.8 收缩及抗裂性

再生砂浆的收缩试验参照《建筑砂浆基本性能试验方法标准》（JGJ/T 70—2009），本试验方法适用于测定建筑砂浆的自然干燥收缩值。

（1）仪器设备

① 立式砂浆收缩仪。标准杆长度为（176±1）mm，测量精度为 0.01mm（图 4-5）。

② 收缩头。黄铜或不锈钢制成。

图 4-5 立式砂浆收缩仪

③ 试模。应采用 40mm×40mm×160mm 棱柱体，且在试模的两个端面中心各开一个直径 65mm 的孔洞。

（2）试验步骤

① 将收缩头固定在试模两端面的孔洞中，使收缩头露出试件端面（8±1）mm。

② 将拌和好的砂浆装入试模中，振动密实，置于（20±5）℃的预养室中，4h 之后将砂浆表面抹平，砂浆带模在标准养护条件［温度为（20±2）℃，相对湿度为 90％以上］下养护，7d 后拆模，编号，标明测试方向。

③ 将试件移入温度（20±2）℃、相对湿度 60％±5％的测试室中预置 4h，测定试件的初始长度。测定前，用标准杆调整收缩仪的百分表的原点，然后按标明的测试方向立即测定试件的初始长度。

④ 测定砂浆试件初始长度后，置于温度（20±2）℃、相对湿度 60％±5％的室内，在 28d 时测定试件的长度，即为试件 28d 时的自然干燥后长度。

（3）数据处理

按照式（4-8）计算试件的 28d 龄期的自然收缩值。

$$\varepsilon_{28}=\frac{L_0-L_{28}}{L-L_d} \tag{4-8}$$

式中　ε_{28}——28d 时的砂浆试件自然干燥收缩值（％）；

L_0——试件成型后 7d 的长度，即初始长度（mm）；

L——试件的长度 160mm；

L_d——两个收缩头埋入砂浆中长度之和，即（20±2）mm；

L_{28}——28d 时试件的实测长度（mm）。

取三个试件测量值的平均值作为干燥收缩值。当一个测量值与平均值偏差大于 20％时，应剔除；当有两个测量值超过 20％时，该组试验结果无效。每块试件的干燥收缩值应取两位有效数字，并精确至 10×10^{-6}。

4.1.9　抗冻性

再生砂浆的抗冻性能试验参照《建筑砂浆基本性能试验方法标准》（JGJ/T 70—2009），本试验方法适用于砂浆强度等级大于 M2.5 的试件，以在负温环境中冻结、正温水中溶解的方法进行。

（1）仪器设备

① 冷冻箱（室）。装入试件后，箱（室）内的温度应能保持在－20～－15℃。

② 篮筐。应由钢筋焊成，其尺寸应与所装试件的尺寸相适应。

③ 天平或案秤。量程 2kg，感量 1g。

④ 溶解水槽。装入试件后，水温应能保持在 15～20℃。

⑤ 压力试验机。精度应为 1％，量程应不小于压力试验机量程的 20％，且不应大于全量程的 80％。

（2）试验步骤

① 砂浆抗冻试件采用的是 70.7mm×70.7mm×70.7mm 的立方体试件，制备 2

组，每组 3 块，分别作为抗冻试件和与抗冻试件同龄期的对比抗压强度检验试件。试件的成型和养护方法与砂浆的立方体抗压强度试件的成型和养护方法相同。

② 当无特殊要求时，试件应在 28d 龄期进行冻融试验。试验前两天，应把冻融试件和对比试件从养护室取出，进行外观检查并记录其原始状况，随后放入 15～20℃ 的水中浸泡，浸泡的水面应至少高出试件顶面 20mm。冻融试件应在浸泡两天后取出，并用拧干的湿毛巾轻轻擦去表面水分，然后对冻融试件进行编号，称其质量，置入篮筐进行冻融试验。对比试件则放回标准养护室中继续养护，直到完成冻融循环，与冻融试件同时试压。

③ 冻或融时，篮筐与容器底面或地面应架高 20mm，篮筐内各试件之间应至少保持 50mm 的间隙。

④ 冷冻箱（室）内的温度均应以其中心温度为准。试件冻结温度应控制在 −20～−15℃。当冷冻箱（室）内温度低于 −15℃ 时，试件方可放入。当试件放入之后，温度高于 −15℃ 时，应以温度重新降至 −15℃ 时计算试件的冻结时间。从装完试件至温度重新降至 −15℃ 的时间不应超过 2h。

⑤ 每次冻结时间应为 4h，冻结完成后应立即取出试件，并应立即放入能使水温保持在 15～20℃ 的水槽中融化。水槽中水面应至少高出试件表面 20mm。试件在水中融化的时间不应小于 4h。融化完毕即为一次冻融循环。取出试件，并用拧干的湿毛巾轻轻擦去表面水分，送入冷冻箱（室）进行下一次冻融循环试验，连续进行，直至达到设计规定次数或破坏为止。

⑥ 每五次循环，应进行一次外观检查，并记录试件的破坏情况。当该组试件中有 2 块出现明显分层、裂开、贯通缝等破坏时，该组试件的抗冻性能试验应终止。

⑦ 冻融试验结束后，将冻融试件从水槽中取出，用拧干的湿布轻轻擦去试件表面水分，然后称其质量。对比试件应提前两天浸水。

⑧ 冻融试件与对比试件应同时进行抗压强度试验。

（3）数据处理

① 砂浆试件冻融后的强度损失率应按式（4-9）计算。

$$\Delta f_m = \frac{f_{m1} - f_{m2}}{f_{m1}} \times 100 \tag{4-9}$$

式中　Δf_m——n 次冻融循环后砂浆试件的砂浆强度损失率（%），精确至 1%；

　　　f_{m1}——对比试件的抗压强度平均值（MPa）；

　　　f_{m2}——n 次冻融循环后的 3 块试件抗压强度的平均值（MPa）。

② 砂浆试件冻融后的质量损失率应按式（4-10）计算。

$$\Delta m_m = \frac{m_0 - m_n}{m_0} \times 100 \tag{4-10}$$

式中　Δm_m——n 次冻融循环后砂浆试件的质量损失率，以 3 块试件的平均值计算（%），精确至 1%；

m_0——冻融循环试验前的试件质量（g）；

m_n——n 次冻融循环后的试件质量（g）。

③ 当冻融试件的抗压强度损失率不大于 25％，且质量损失率不大于 5％时，则该组砂浆试块在相应标准要求的冻融循环次数下，抗冻性能合格，否则判为不合格。

4.1.10 抗渗性

再生砂浆的抗渗性能试验参照《建筑砂浆基本性能试验方法标准》（JGJ/T 70—2009），本方法适用于测定砂浆抗渗性能。

（1）仪器设备

① 金属试模。上口直径 70mm、下口直径 80mm、高 30mm 的截头圆锥带底金属试模。

② 砂浆渗透仪。

（2）试验步骤

① 将拌好的砂浆一次装入试模中，用抹刀插捣数次，当填充砂浆略高于试模边缘时，用抹刀以 45°角一次性将试模表面多余的砂浆刮除，再用抹刀以较平的角度在试模表面反方向将砂浆刮平，共成型 6 个试件。

② 试件成型后应在室温（20±5）℃的环境下，静置（24±2）h 后脱模。试件脱模后放入温度（20±2）℃、湿度 90％以上的养护室养护至规定龄期，取出待表面干燥后，用密封材料密封，装入砂浆渗透仪中进行透水试验。

③ 从 0.2MPa 开始加压，恒压 2h 后增至 0.3MPa，以后每隔 1h 增加 0.1MPa。当 6 个试件中有 3 个试件端面有渗水时，即可停止试验，记下当时水压。在试验过程中，如发现水从试件周边渗出，则应停止试验，重新密封后再继续试验。

（3）数据处理

砂浆的抗渗压力以每组 6 个试件中 4 个试件未出现渗水现象时的最大压力计，按式(4-11)进行计算。

$$P = H - 0.1 \qquad (4-11)$$

式中　P——砂浆的抗渗压力（MPa），精确至 0.1MPa；

　　　H——6 个试件中 3 个试件出现渗水时的水压（MPa）。

4.2　再生砂浆质量管理与控制

根据质量管理的要求，再生砂浆质量管理与控制可分为以下几个阶段：原料质量控制、生产过程质量控制、运输过程质量控制。质量控制应是源头治理，预防越早越好。

4.2.1　原料质量控制

原材料质量管理与控制是再生砂浆质量控制的基础和前提，再生砂浆企业应建立健全原材料管理制度。在材料验收方面一定要严格把关，材料规格和质量等级必须满足标准要求。

再生砂浆原材料的质量管理具体包括：原材料采购，原材料进场验收，原材料质量检查与检验，原材料贮存，标识与使用，不合格原材料处理等。

1. 原材料采购

原材料采购需重点控制原材料采购成本与采购质量。建立公平合理的原材料招标采购制度，成立包括技术、生产、财务等部门参加的原材料采购小组，对供应商的产品质量、价格、垫资额度、结算方式、服务能力进行综合评价，在此基础上选择具有相应资格的合格供方，建立并保存合格供方的档案。

2. 原材料进场验收

进场验收的主要内容：

（1）原材料的品种、规格和数量应符合要求；

（2）原材料的生产供应单位应具有相应的资格；

（3）原材料生产供应单位应按批提供符合要求的原材料合格证；合格证应填写齐全，内容应至少包括生产单位名称、购货单位名称、原材料品种规格、数量、主要技术指标、出厂日期等。

3. 原材料质量检查与检验

（1）水泥质量控制项目

水泥进场时必须有质量证明文件，要求生产企业对进厂水泥按批次进行取样复检，同一厂家、同一品种、同一等级的水泥，以单次进厂的同一批次为一个检验批，但一个检验批的总量不得超过 500t。没有超过储存期的库存原材料因储存不当而存在质量问题，或已超过储存期的原材料，应重新取样复检，以复检结果为准。水泥复检的项目通常应包括凝结时间、安定性、胶砂强度（3d 抗折强度、3d 抗压强度、28d 抗折强度、28d 抗压强度）。为了更好地保证质量，复检项目最好包括细度、标准稠度用水量、水泥温度等[1-2]。

① 强度控制。强度控制通过水泥胶砂强度试验来进行。在进行水泥胶砂试验时，除了应按照标准取样、试验、养护外，还应特别注意以下几种情况。

a. 标准砂的真假。标准砂必须要到正规的地方购买，假的标准砂里面含有贝壳、草根等杂物，细度模数也不标准，对水泥强度测定有影响。

b. 热水泥不能直接进行试验。刚取的水泥温度可能很高，对试验会有影响，应将水泥样品放置在水泥实验室 24h 以上，并且实测水泥温度与水泥实验室温度〔（20＋2)℃〕一致后再进行试验。

c. 胶砂试块带模养护时，为防止养护箱上面的冷凝水直接滴到胶砂试件上，建议在养护箱顶端加倾斜顶板，将冷凝水引导至试模以外的区域。

d. 试件拆模后养护时，推荐使用恒温养护水槽，以保证养护水温度的均匀性。建议用温度计定期校对水槽内的水温，且养护期间试件间隔及试件上表面的水深不得小于5mm。

e. 搅拌叶片和锅之间间隙过大会造成搅拌不均匀，影响检测结果，应每月检查一次。试模磨损和组装时缝隙未清理干净会造成尺寸误差，应及时更换。

② 安定性控制。安定性控制通过试饼法和雷氏夹法试验进行。试饼法属于定性试验，而雷氏夹法可以准确检测水泥在蒸煮条件下的变形值。随着水泥生产工艺及控制手段的不断改善，新型干法水泥的安定性通常都合格。由于安定性是水泥的重要性能指标，使用安定性不合格的水泥会导致砂浆开裂，因此仍建议按批次进行检测，安定性不合格的水泥应退货[3]。

③ 凝结时间控制。凝结时间控制通过凝结时间检验进行。在测定初凝时间时，应轻扶金属杆，使其徐徐下降，以防试针撞弯变形，但结果以自由落下为准。水泥凝结时间影响预拌砂浆的凝结硬化。对于凝结时间异常，如闪凝、假凝、快凝、凝时过长的水泥应特别注意，谨慎使用。

④ 温度控制。水泥供不应求时，水泥厂没有陈放水泥的时间，导致运到预拌砂浆企业的水泥温度很高，多数情况下在60℃以上，有时甚至接近100℃，对预拌砂浆拌和物的性能影响较大。预拌砂浆企业使用的水泥温度宜控制在60℃以内。

⑤ 细度控制。有条件的预拌砂浆企业宜进一步控制水泥的细度。《通用硅酸盐水泥》（GB 175—2007）对硅酸盐水泥和普通硅酸盐水泥的比表面积设置了$300m^2/kg$的低限，对高限没有控制。当水泥细度较高时，砂浆的稠度损失较大，也增加了砂浆空鼓开裂的风险，建议预拌砂浆企业设置合理的细度范围。

⑥ 水泥选择。水泥的质量归根结底是由水泥厂来控制的。目前，水泥和预拌砂浆分属两个行业，预拌砂浆企业为了保证水泥质量，宜选择规模较大、产品质量稳定、生产工艺先进（新型干法窑）、口碑好的水泥企业供应的水泥。水泥品种宜选择硅酸盐水泥和普通硅酸盐水泥，这样便于矿物掺和料的应用，预拌砂浆的质量也更容易控制。

（2）砂质量控制项目

天然砂的质量控制项目应包括颗粒级配、细度模数、含泥量、泥块含量、坚固性和有害物质含量。对于机制砂和掺入再生砂的混合砂的主要控制项目应包括颗粒级配、细度模数、石粉含量、泥块含量、坚固性和有害物质含量。对于重要工程或特殊工程，应根据工程要求增加检验项目。对其他指标的合格性有怀疑时应予以检验，使用单位应按砂的产地、规格分批验收，应以$400m^3$或600t为一检验批。当砂或石的质量比较稳定、进料量又较大时，可以1000t为一检验批[4-7]。

① 颗粒级配。再生砂应按《混凝土和砂浆用再生细骨料》（GB/T 25176—2010）的试验方法进行筛分，控制在相应的区域内。对级配不合理的砂子，可以通过多级配的方式进行调整。

② 含泥量。含泥量是砂的最重要指标之一，应按标准要求严格控制。有条件的搅

拌站应根据不同的含泥量分仓存储，搭配使用。

③ 石粉含量。再生砂的石粉含量应按《混凝土和砂浆用再生细骨料》（GB/T 25176—2010）的试验方法测定，并进行严格的质量控制。

④ 坚固性。对于再生砂而言，坚固性应满足规范要求。

⑤ 含水率、含石率。含水率、含石率是天然砂变动较大的两个性能参数，应按设定的限值进行严格控制。对于再生砂而言，则差别不大。

⑥ 砂进场快速检验项目。砂进场快速检验项目为含泥量（石粉含量）、含水率、含石率。根据不同来源、不同供应商等情况，进行逐车检验、规定车次检验或每日检验等。为了达到快速试验的目的，其试验方法与标准试验方法不同。通过电磁炉、微波炉等进行烘干处理后，进行相关试验。

（3）矿物掺和料质量控制项目

矿物掺和料是以氧化硅、氧化铝、氧化钙等一种或多种氧化物为主要成分，具有规定细度，掺入砂浆中能改善或调节砂浆性能的粉体材料。目前，砂浆使用的最主要的矿物掺和料是粉煤灰；另外，粒化高炉矿渣粉、石灰石粉、沸石粉等也被这些企业使用。粉煤灰的进场检验项目为细度、需水量比、烧失量、安定性（C类粉煤灰），要求再生砂浆企业按批次进行试验，同厂家、同规格且连续进场的粉煤灰以不超过200t为一检验批。矿渣粉的进场检验项目为比表面积、活性指数、流动度比，要求砂浆企业按批次进行试验，同一厂家、相同级别且连续进场的矿渣粉以不超过500t为一检验批。

① 粉煤灰质量控制项目。

a. 细度。粉煤灰细度用 $45\mu m$ 方孔筛筛余表示。未用比表面积来表征粉煤灰细度对活性和品质的影响，是因为多孔玻璃体和碳粒的比表面积很大，对品质却有负面影响。

因大量未燃尽的碳粒粒径为 $45\sim80\mu m$，$80\mu m$ 方孔筛筛余不能准确地表征预拌砂浆的性能指标，所以用 $45\mu m$ 方孔筛。

对粉煤灰进行细度试验时，要特别注意取样方法。如果从运输车罐口取样，细度结果代表性较差，有时候出现罐口细度合格、筒仓内细度严重超标的情况。建议采取以下两种方法，以避免类似情况发生，同时防止供应商弄虚作假。

• 用取样器，对多个罐口进行取样，将取样器上、中、下部分的样品混合均匀后进行细度试验。

• 在"吹料开始、中部、尾部"过程中分别取样，混合均匀后试验。这种取样方法最符合实际情况，试验结果也最容易让双方信服。

细度试验应到筛不下去为止，筛一次就停止可能没有筛分彻底，容易造成误判，也容易引起纠纷。常规的筛析时间为 3min，停机后观察筛余物，如出现颗粒成球、黏筛或有细颗粒沉积在筛框边缘的情况，应用毛刷将细颗粒轻轻刷开，将定时开关固定在手动位置，再筛析 $1\sim3min$，直至筛分彻底为止。

b. 需水量比。需水量比是粉煤灰最重要的质量控制指标，预拌砂浆企业应对该指标进行严格的控制。需水量比合格的情况下，可以适当放宽细度要求。

c. 烧失量。烧失量也是衡量粉煤灰质量的重要指标，预拌砂浆企业应严格按标准规定的范围进行控制。烧失量试验恒重操作的过程中，应使用干燥器，否则会因样品吸潮而影响检测结果。

d. 颜色。粉煤灰的颜色变化反映了燃煤品质的波动，与粉煤灰质量有直接的联系。正常粉煤灰的颜色为浅灰色或灰白色，当出现黄色、黑色、白色、红色等颜色变化时，往往预示着粉煤灰质量的波动，需要提高警惕，建议进行退货处理，或立即进行游离氧化钙含量、需水量比、烧失量等项目的检验，辅助预拌砂浆试拌进行品质验证，并根据验证结果谨慎使用[8]。

e. 粉煤灰快速检验项目

粉煤灰快速检验项目为细度和需水量比。虽然粉煤灰的用量不是特别大，但其质量波动对预拌砂浆质量影响很大，建议逐车检验。

② 矿渣粉质量控制项目。

a. 比表面积。矿渣粉的比表面积测试按《水泥比表面积测定方法 勃氏法》（GB/T 8074—2008）标准进行。S95 级矿渣粉比表面积宜控制在 $400\sim450m^2/kg$。勃氏法主要根据一定量的空气通过具有一定空隙率和固定厚度的粉料层时，因所受阻力不同而引起流速的变化来测定粉料的比表面积。目前，预拌砂浆企业基本采用自动勃氏比表面积测定仪进行测定。

b. 活性指数。活性指数参照《用于水泥、砂浆和混凝土中的粒化高炉矿渣粉》（GB/T 18046—2017）进行测定。该标准规定，对比水泥应为符合《通用硅酸盐水泥》（GB 175—2007）规定的强度等级为 42.5 的硅酸盐水泥或普通硅酸盐水泥，且 3d 抗压强度为 $25\sim35MPa$，7d 抗压强度为 $35\sim45MPa$，28d 抗压强度为 $50\sim60MPa$，比表面积为 $350\sim400m^2/kg$，SO 含量为 $2.3\%\sim2.8\%$，碱含量为（$Na_2O+0.658K_2O$）$0.5\%\sim0.9\%$。

c. 流动度比。流动度比试验参照《用于水泥、砂浆和混凝土中的粒化高炉矿渣粉》（GB/T 18046—2017）附表 A.1 和《水泥胶砂流动度测定方法》（GB/T 2419—2005）进行试验，分别测定对比胶砂和试验胶砂的流动度，计算流动度比。试验注意事项参考活性指数试验。

d. 烧失量。矿渣粉的烧失量参照《水泥化学分析方法》（GB/T 176—2017）进行，但灼烧时间规定为 $15\sim20min$。在灼烧过程中硫化物的氧化会引起误差，应进行校正。校正过程应参照《用于水泥、砂浆和混凝土中的粒化高炉矿渣粉》（GB/T 18046—2017）。

由于在矿渣粉磨细的过程中通常会加入石膏等添加料，这些添加料对矿渣粉的烧失量会产生一定的影响。因此，矿渣粉在灼烧过程中发生的物理、化学变化比较复杂，有时甚至出现越烧越重的情况，应根据实际情况进行分析，保证试验结果的准确性。

e. 颜色。同一厂家的矿渣粉颜色变化非常小，如果有明显的颜色变化，须谨慎使用。好的矿渣粉一般是白色或灰白色的。颜色变化可能是因为使用了其他厂家的矿渣粉，或者是在粉磨过程中加入粉煤灰、炉渣、石灰石粉等添加料。

f. 矿渣粉快速检验项目。矿渣粉快速检验项目为比表面积、流动度比。虽然矿渣粉的用量不是特别大，但其质量波动对干混砂浆质量影响很大，建议逐车检验比表面积，流动度比可定期进行检验。

（4）保水增稠材料质量控制项目

保水增稠材料根据《预拌砂浆用保水剂》（JC/T 2389—2017）对再生砂浆保水增稠材料的检测项目进行检测，控制项目主要包括材料自身的匀质性和受检砂浆性能两个方面。检验时以单次进货量为一个检验批。

① 外观。保水增稠材料进厂后应首先观察材料自身的外观质量，看是否有结块现象、产品是否均匀一致。材料无结块、均匀一致，才能入厂、入库。

② 含水率、细度、pH 和氯化物含量（以氯离子质量计）。参照《混凝土外加剂匀质性试验方法》（GB/T 8079—2012）标准测试保水增稠材料的含水率、细度、pH 和氯化物含量（以氯离子质量计）。

控制保水增稠材料的含水率在生产厂控制值的 0.80～1.20 范围内；控制细度、pH 和氯化物含量（以氯离子质量计）在生产厂控制范围内，其中，pH 还应不低于 4，氯化物含量（以氯离子质量计）还应低于 0.1%。

③ 含水率比和保水率比。保水增稠材料的含水率比应控制在 100% 以内；保水率比应不小于 103%。

④ 表观密度。掺加保水增稠材料的砂浆拌和物的表观密度不应小于 1700kg/m³（抹灰砂浆）和 1800kg/m³（砌筑砂浆）。

⑤ 凝结时间差和砂浆 2h 稠度损失率。由保水增稠材料造成的凝结时间差应控制在提前 60min 或推迟 240min 之间；2h 稠度损失率应控制在 25% 以内。

⑥ 抗压强度比和拉伸黏结强度比。保水增稠材料的抗压强度比应控制在 75% 以上，以减小砂浆抗压强度的损失率；保水增稠材料的拉伸黏结强度比不低于 100%。

⑦ 28d 收缩率比。与基准砂浆相比，受检砂浆的 28d 收缩率比控制在 135% 范围内。

⑧ 保水增稠材料进厂快速检验项目。保水增稠材料进厂快速检验项目主要有外观、含水率、含水率比、保水率比、表观密度，根据保水增稠材料的来源进行逐车检查、逐批检查等。为了达到快速试验的目的，含水率可以通过微波炉来测试，但应注意烘干温度；含水率比、保水率比、表观密度可以通过快速拌制砂浆测得。

4. 原材料贮存、标识与使用

应根据企业的实际情况制订切实可行的材料供应和贮存计划，所有原材料贮存均应设有专门的标志牌，并实施动态控制及原材料贮存与使用应按照先进先出的原则，防止材料因堆放时间过长而影响质量。各种原材料的使用均应根据品种、数量、使用时间、工程应用等做翔实记录。

5. 不合格原材料处理

进厂检查、进货检验出现不合格品，由实验室通知材料部门，对该批不合格产品采取适当的隔离措施，由收料员在材料存放处挂不合格标志牌，并在进厂记录上对该不合格批做出标记，进行评审和处置。

4.2.2 生产过程质量控制

再生砂浆生产过程质量控制，是指在生产过程中为确保生产过程处于受控状态而进行的各种活动，是保证再生砂浆产品质量的关键环节。生产过程包括原材料预处理、各组成材料的计量和混合等过程，各个环节的工作质量均可能对最终产品质量带来影响，生产过程质量控制就是要保证每个环节处于受控状态，及时改善和纠正生产过程中的不足，在生产过程中，以适当的频次监测、控制和验证过程参数，把控所有设备及操作人员等以满足再生砂浆质量的需要。

1. 生产工艺简介

再生砂浆（干混）生产工艺流程如图 4-6 所示，主要分为以下四个生产环节[9]。

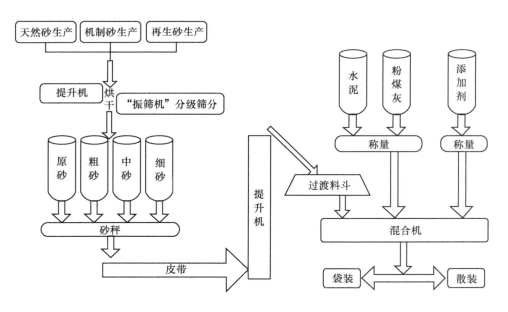

图 4-6 再生砂浆（干混）生产工艺流程

① 原材料预处理和入仓。粒度和含水率不符合要求的原材料需要进行预处理，经破碎、烘干、筛分后，通过输送设备入仓储存。该环节主要涉及烘干系统、提升系统和储存系统，有些企业还配备有制砂系统。

② 配料与称量环节。该环节主要涉及计量系统。

③ 各种原材料投入混合机进行搅拌混合环节。该环节主要涉及混合系统。

④ 成品砂浆进入成品库，经散装或包装出厂。该环节主要涉及储运系统。

2. 砂浆生产过程质量控制点

质量控制点是指为了保证预拌砂浆生产过程质量而确定的重点控制对象、关键部位或薄弱环节。它是对生产现场质量管理中需要重点控制的指标进行控制，体现了生产现场质量管理的重点管理原则。质量控制点，要能及时、准确地反映生产和应用的真实质量情况，并能够体现"事先控制，把关堵口"的原则[10]。

预拌砂浆生产过程中通常应设置以下质量控制点。

① 进厂原材料。对进厂的水泥、砂、粉煤灰、保水增稠材料等质量进行控制。

② 入库原材料。主要是控制砂的烘干与筛分质量，如控制入库的砂的水分、级配等。

③ 入混合机配合料。主要控制计量配合的准确性，使入混合机配合料的配合比与要求一致。

④ 出混合机砂浆。主要是控制混合质量，快速了解出混合机砂浆质量。

⑤ 出厂砂浆。检验砂浆的各项性能与设计要求的一致性。

3. 砂浆生产质量控制指标

砂浆原材料和产品等的控制指标，是指企业为保证产品质量、正常生产和合理经营而对这些原材料、中间物料和产品在技术管理方面的具体技术要求。制订技术指标的目的是便于考核与检查，保证各工序的工作质量。其内容包括物料名称、检查项目、检查规格、合格率、指标的上下限、检查的次数与时间、负责单位、取样地点和考核办法等。

质量控制的内容包括制订质量控制计划和控制标准、处置和纠正错误。质量控制的对象包括原材料的控制、设备的控制、关键工序的控制、工艺参数更改的控制及不合格品的控制。

4. 砂浆生产质量控制图表

控制图表是企业技术条件的细化和形象化。生产质量控制图要根据各企业实际情况，绘出工艺流程中的质量控制点。生产质量控制表是将各控制点的控制项目、取样地点、取样方法、检验项目、控制指标、合格率要求等按控制点的顺序制作的。生产质量控制图表以简明的形式，集中反映企业的生产工艺流程及其质量控制情况；也可以将生产质量控制图表输入计算机，或融入 ERP 管理系统，以有利于实现干混砂浆生产过程的自动控制。

建筑垃圾主要组分为废弃混凝土或废砖，进场前已经过分检和粗碎，而且经过堆场预均化，烘干过程采用生物质燃料。由于再生砂的原材料（进厂的废弃混凝土或废砖）含有 10% 左右的水分，在制砂前还应专门进行烘干处理。针对具体的生产工艺，设置了产质量控制表，如表 4-1 所示。

表 4-1　生产质量控制一览表举例

编号	控制点	控制项目	控制值	检验频次	取样地点	备注
1	天然砂	颗粒级配	1.5～2.7	每批一次	原料堆场	原材料进场控制
		含泥量	≤5.0%			
		泥块含量	≤2.0%			
		表观密度	>2500kg/m³			
		堆积密度	>1350kg/m³			
		含水率	<7%			
2	建筑垃圾	外观	无杂质和明水	每批一次	原料堆场	原材料进场控制
		含水率	<12%			
3	水泥	全套	合格	每批一次	水泥罐车	原材料进场控制
4	粉煤灰	45μm 筛筛余	≤25.0%	每车	罐车	原材料进场控制
		烧失量	≤8.0%			
		需水量比	≤105%			
		水分	≤1.0%			
		活性指数	≤70%			
5	矿粉	流动度比	≤95%	每车	罐车	原材料进场控制
		烧失量	≤1.0%			
		水分	≤1.0%			
		活性指数	≤75%（7d）			
			≤95%（28d）			
6	保水增稠材料	2h 稠度损失率	≤25.0%	每车	罐车	原材料进场控制
		28d 强度损失率	≤25.0%			
		水分	≤1.0%			
7	生物质燃料	水分	≤10.0%			原材料进场控制
		低位发热量	≤3900kcal/kg			
8	砂烘干	初含水率	≤6.0%	每批一次	烘干机出料口	原材料预处理
		终含水率	<0.5%			
		出机温度	≤65℃			
9	建筑垃圾烘干	含水率	<1.0%	每批一次	烘干机出料口	原材料预处理
10	再生砂	泥块含量	≤2.0%	每批一次	制砂机出料口	原材料预处理
		表观密度	>2500kg/m³			
		堆积密度	>1350kg/m³			
		含水率	<0.5%			
		粉料含量	≤5.0%			
11	成品砂浆	2h 稠度损失率	≤25.0%	每小时或随机	散装车	成品控制
		保水率	≤88%			
12	散装	符合规范	符合规范	每个编号一次	散装车	出厂控制
13	包装	袋重合格率	100%	每批一次	包装机出口	出厂控制

4.2.3 储运过程质量控制

再生砂浆从制备完成到工地，经历了进出储料罐、车辆运输、卸料交货等过程。

1. 储存

再生干混砂浆在储存过程中不应受潮和混入杂物。不同品种、规格型号的干混砂浆应分别储存，不应混杂，并标记清楚。袋装干混砂浆应储存在干燥环境中，应有防雨、防潮、防扬尘措施。储存过程中，包装袋不应破损。袋装干混砌筑砂浆、抹灰砂浆、地面砂浆、普通防水砂浆、自流平砂浆的保质期自生产之日起为 3 个月，其他袋装的干混砂浆的保质期自生产之日起为 6 个月。散装干混砂浆的保质期自生产日起为 3 个月[11-12]。

2. 运输管理

运输管理的目的是实现正确、快速、安全的砂浆运送，保证砂浆运输质量。

湿拌砂浆应采用符合《混凝土搅拌运输车》（GB/T 26408—2020）要求的搅拌运输车运送。运输车在装料前装料口应保持清洁，筒体内不应有积水、积浆及杂物。运输车在装料运送过程中应能保证砂浆拌和物的均匀性，不应产生分层、离析现象。不应向运输车内的砂浆加水。运输车在运送过程中应避免漏浆。

干混砂浆运输时，应有防扬尘措施，不应污染环境。散装干混砂浆宜采用散装干混砂浆运输车运送，并提交与袋装标志相同内容的卡片，并附有产品使用说明书。散装干混砂浆运输车应密封、防水、防潮，并宜有收尘装置。砂浆品种更换时，运输车应清空并清理干净。袋装干混砂浆可采用交通工具运输。运输过程中，不得混入杂物，并应有防雨、防潮和防扬尘措施。袋装砂浆搬运时，不应摔包，不应自行倾卸。

3. 订货与交货

驾驶员依据"预拌砂浆发货单"送货，明确所送砂浆类型、强度等级、运送地点、现场情况、运输路线、卸货方式等。运输途中要谨慎驾驶，注意安全，不得随意停车，一旦出现异常情况，应及时向生产调度汇报。

砂浆到达交货地点交货时，供方应随每一运输车向需方提供所运送砂浆的发货单、产品出厂检测报告（合格证），发货单内容填写齐全。需方应指定专人及时对所供砂浆的质量、数量进行确认。再生干混砂浆交货检验项目由需方确定，并经双方确认。检验项目符合标准相关要求时，可判定该批产品合格，当有一项指标不符合要求时，则判定该批次产品不合格。

4.2.4 常见质量问题分析

从大量的应用实践看，预拌砂浆常见的应用质量问题主要有两大类：一类是砂浆和易性不良问题；另一类是硬化后砂浆开裂和空鼓问题。除此之外，还有一些其他质量问题，如硬化砂浆的起粉和起砂等。

1. 砂浆和易性的质量问题

砂浆和易性是衡量砂浆拌和物输送、砌筑、抹灰等施工操作难易程度的性能。和易性好的砂浆拌和物在施工操作过程中能够保持原有的均匀性而不发生离析，容易在砖石等表面铺成均匀、连续的薄层，且与基层紧密黏结。砂浆的和易性是砂浆拌和物流动性、黏聚性和保水性的综合体现[13]。

改善砂浆和易性的技术途径有：控制砂浆中水泥的水化特性、砂浆的凝结与硬化进程，改善拌和物的流变性能，保证砂浆的流动性、保水性和黏聚性的统一，以满足不同施工环境、施工对象及施工方式对和易性的要求。

改善砂浆和易性的技术措施：

（1）原材料选择

① 砂。在砂用量一定的情况下，采用天然砂的砂浆拌和物，其流动性一般比机制砂和再生砂好。良好的颗粒级配和颗粒形状对提高砂浆的流动性很重要，"两头大中间小"的砂对流动性不利。砂的细度模数小，对砂浆流动性不利，但对砂浆黏聚性和保水性有正面作用。砂中片状物多、含泥量或石粉含量高，也对流动性不利。

② 胶凝材料。需水量高的水泥，对砂浆流动性不利。水泥细度过高、早期强度高、需水量大，均会降低拌和物的流动性，对提高黏聚性有利。水泥细度高，早期强度高，还容易收缩开裂。因此，在保证砂浆强度的前提下，不建议采用早期强度过高的水泥。

如果采用的水泥过粗，或者采用矿渣、石灰石类做水泥混合材，砂浆拌和物容易泌水。例如，矿渣硅酸盐水泥砂浆的拌和物泌水性通常较大。

粉煤灰是砂浆中最常用的矿物掺和料，粉煤灰烧失量大，需水量比大，也影响砂浆流动性。若采用其他矿物掺和料，原理相似，需水量比越大，一般对流动性越不利，而通常对黏聚性是有利的。

③ 保水增稠材料。其用量虽然不大，但对砂浆的和易性有较大影响。采用的保水增稠材料质量不佳，或者不匹配，是砂浆和易性不良的重要原因之一。如保水增稠材料中保水组分失效，或掺有减水、缓凝或促进水化的组分，均可能对砂浆的流动性、黏聚性与保水性产生影响。保水增稠材料中的润滑触变物质对改善砂浆拌和物的和易性有重要作用。

（2）砂浆配合比优化

水灰比不变的情况下，其水泥浆数量随用水量和水泥用量的增加而增加，使砂浆的润滑层增厚，流动性变好，强度也不会降低[14-15]。随着用水量的增多，砂浆的流动性也显著变好，但用水量过大，会使砂浆的黏聚性和均匀性变差，会严重泌水、分层或流浆现象，使和易性变差，同时，强度也随之降低。砂用量过多，水泥浆被比表面积较大的砂粒所吸附，则流动性变差。

在保证强度性能的前提下，适量的掺和料取代部分水泥，如矿渣粉、粉煤灰，对改善和易性一般也是有利的。

（3）加强施工管理

砂浆在实际应用时，应控制拌和用水量，用水量偏高或偏低，将给砂浆的和易性带来较大的影响。另外，应充分保证搅拌时间，使砂浆拌和物达到均匀一致。

2. 砂浆开裂的质量问题

砂浆层产生裂缝是非常常见的质量问题，虽然在一般情况下这些裂缝不会危及结构安全，但对建筑物将产生一系列不利的影响。例如，抹灰砂浆开裂，不仅影响外观和使用寿命，而且在进水和冬季冻胀时，将致使抹灰层脱落，影响周围行人的安全。

防止砂浆开裂的技术途径是：减少砂浆与基材之间的不一致变形，尤其是降低砂浆的干燥收缩变形，包括减少砂浆失水量、推迟失水时间和降低失水速度。

防止砂浆开裂的技术措施：

（1）原材料选择

① 砂。砂的细度模数偏低和级配不合理、砂的含泥量或石粉含量偏高，均增加砂浆的收缩，因此，应采用连续级配的砂，细度模数不宜过低，且控制砂中的含泥量或石粉含量。

② 胶凝材料。通常情况下，砂浆水化硬化越快，其收缩变形就越大，因此，不宜采用早期水化过快的水泥，如细度过细、C_3A 含量偏高的水泥。粉煤灰等其他掺和料质量对砂浆收缩也有较大的影响。需水量多、烧失量大的粉煤灰，会加剧砂浆的收缩。有些粉煤灰中还可能含有杂质，如垃圾焚烧飞灰，会导致砂浆收缩的增加。因此，不宜用需水量高、烧失量高的粉煤灰，避免采用含垃圾飞灰等有害杂质的粉煤灰。

③ 保水增稠材料。其中保水组分失效或掺早强性物质，均可能增加收缩。因此，应通过试验来选择保水性好、稠度损失低和强度损失低的保水增稠材料。

（2）砂浆配合比优化

砂浆配合比应尽可能有针对性，对于不同的使用环境和不同的墙面，砂浆配合比可各有侧重。不宜片面追求砂浆的强度，在满足设计要求的前提下，宜偏低控制。若在干热环境和吸水性强的基材上使用，可适当提高砂浆的保水率；在湿冷环境和吸水性差的基材上使用时，可适当降低砂浆的保水率。在保证强度与和易性的前提下，尽量减少水泥用量和适当提高砂率。同时，应防止砂浆的离析，保证实际使用时的砂浆组成与设计配合比一致。

（3）施工管理

准确控制拌和用水量，保证砂浆搅拌时间，提高砂浆拌和物均匀性。按要求对墙面进行预处理，如墙面的洒水和采用界面剂等。控制抹灰厚度，避免一次涂抹太厚。把握收（压）光时间，最好在砂浆开始失去塑性时进行，既保证收（压）光效果，又不破坏砂浆结构。加强养护，不使砂浆过早地暴露在干热环境中，避免温度大起大落，避免早期受冻。

3. 砂浆空鼓的质量问题

砂浆的空鼓是指砂浆层与基层脱开，俗称"二张皮"。出现空鼓现象是由于抹灰层与墙体基层结合处存在薄薄的空气层。墙面出现空鼓时，用锤子等工具敲击墙面会发出像敲击鼓一样低沉的声音。空鼓的另一个特点，就是随着时间的推移，墙面空鼓数量越来越多，空鼓面积越来越大。空鼓与开裂常常相伴发生，空鼓处更容易开裂[16]。

避免砂浆空鼓的技术途径：减少砂浆与基材之间的变形差、消除或减小砂浆层与基层之间的界面薄弱区、提高基层的粗糙度。

防止空鼓的技术措施：

（1）原材料选择

要求砂的细度模数和级配合理，细度模数不宜过小，砂的含泥量或石粉含量不宜过高。避免采用早期水化过快的水泥，如细度过细、C_3A 含量偏高等。尽量不用需水量高、烧失量高的粉煤灰，避免采用含垃圾飞灰等有害杂质的粉煤灰。

（2）砂浆配合比优化

砂浆配合比应尽可能有针对性，对于不同的使用环境和不同的墙面，砂浆配合比可各有侧重。不宜片面追求砂浆的强度，在满足设计要求的前提下，宜偏低控制。对于低强度的基层，宜选用低强度的砂浆；反之，则可适当选择较高强度的砂浆。若在干热环境和吸水性强的基材上使用，可适当提高砂浆的保水性；若在湿冷环境和吸水性差的基材下使用，砂浆保水性不宜太好。在保证强度与和易性等前提下，尽量减小水泥用量和适当提高砂率。为了消除或减少界面薄弱区，砂浆中可适当应用硅质材料的矿物掺和料，如质量较好的粉煤灰，使界面区的氢氧化钙等与之反应，形成 C—S—H 等水化产物，提高黏结性。同时，应防止砂浆的离析，保证实际使用时的砂浆组成与设计配合比一致[17]。

（3）界面砂浆或界面剂选择

界面砂浆或界面剂，是既能牢固地黏结基层，表面又能很好地被砂浆层黏结的，具有双向亲和性的材料。在建筑工程中，由于基材的表面特性不同，应根据基层材料的特点合理选择界面砂浆或界面剂，以提高界面的拉伸剪切强度。针对多孔的强吸水材料（如加气混凝土），较平滑、吸水性较差材料（如现浇混凝土等），无孔的不吸水材料（如釉面砖等），所采用的界面砂浆或界面剂应有所区别。多孔的强吸水材料，侧重于封闭基材的孔隙，弱化墙体的吸收性，"阻缓"轻质砌体抽吸覆面砂浆内水分，保证覆面砂浆材料在更佳条件下黏结；对于不吸水材料及光滑材料，主要起到提高粗糙度和担负砌体与抹面的黏结搭桥作用，使上墙砂浆与砌体表面更易结合成一个牢固的整体。

（4）施工管理

按要求对墙面进行预处理，如对墙面洒水和采用界面剂等。不宜过度抹压，以使砂浆在界面处产生砂的富集，提高空隙率。控制抹灰厚度，避免一次涂抹过厚。把握抹灰的收（压）光时间，最好在砂浆开始失去塑性时进行，既保证收（压）光效果，又不破坏砂浆结构。加强养护，避免砂浆过早地暴露在干热环境中，避免温度大起大落，避免早期受冻。

4. 砂浆应用具体质量问题

（1）砂浆拌和物结块、成团

砂浆拌和物中有结块、成团现象，降低砂浆的和易性、强度和耐久性。

① 成因。

a. 过早与水接触。由于生产时原材料（主要是砂）含水率控制不严格，以及砂浆储运时间长、环境湿度大而受潮，砂浆在加水拌和前开始水化、结块或成团。

b. 砂浆搅拌时间不足。搅拌时间不足导致部分干混砂浆只与少部分或者直接不与水接触，遇到少部分水的砂浆则会结块、成团[18-20]。

c. 施工操作不当。施工时未能及时清理砂浆筒仓及搅拌器，导致砂浆筒仓或搅拌器中有残余的砂浆拌和物，未清理的拌和物已经凝结硬化，呈硬块状出现在砂浆拌和物中。

② 防治措施。

a. 加强生产过程质量控制，特别是砂的含水率控制。

b. 做好砂浆防潮工作，避免储运时间过长。

c. 加水拌和时应控制好搅拌时间，保证砂浆拌和物的均匀度。

d. 干混砂浆筒仓和搅拌器应设专人负责维护与清理。

（2）机械化喷涂施工过程中堵管

堵管是抹灰砂浆机械化喷涂过程中常出现的问题。堵管现象的发生，轻则影响施工效率，费工、费料、费时；重则损坏机械设备，造成经济损失。

① 成因。

a. 砂浆缺乏流动性。在输浆管内流动时摩擦力过大，这种现象一般发生在该批次砂浆初次使用时。

b. 砂浆拌和物离析。这种现象一般发生在喷涂施工中。

c. 施工操作不当。喷涂前未进行润管。喷涂设备在每次使用前一般都应润管，以保证管道内壁的润滑，减少砂浆与管道的摩擦。砂浆在管道中停留时间过长，砂浆因静止时间过长而产生初凝现象，流动性降低，产生堵管。

d. 泵送压力过高。造成压力升高的原因除了流动性差、离析外，还有以下几种：输送距离过远、高度过高；喷涂设备枪口异物堵塞。压力升高致使管内砂浆拌和物产生压力泌水现象，一般发生在输浆管出口部位，砂浆内的部分水分通过出料口泌出；如果输浆管接头密封有问题，也会导致接口处砂浆泌水，从而导致堵管现象的发生。

② 防治措施。

a. 控制砂的最大粒径、细度模数和级配，控制砂浆中粉料量，选择合适的保水增稠材料，以改善砂浆的流动性与黏聚性。

b. 在泵送和喷涂砂浆前，输浆管路先用清水冲洗，待清水放出后，用水泥浆进行润管。刚开始泵送时，由于管道阻力较大，宜低速泵送，泵送正常后，可适当提高泵送速度。

c. 尽量减少停机时间。如确需停机较长时间，应先用完设备内剩余的砂浆后再停机，且做好管道清洗工作。

d. 管道布置时应按最短距离、最小弯头和最大弯头的原则来布管，尽量减小输送阻力，也就减少了堵管的可能性。

（3）砂浆拌和物泌水

砂浆加水拌和后，会出现水分上升、在砂浆拌和物表面而析出的现象，即泌水。砂浆泌水严重时，首先，会加大砂浆拌和物的表面水胶比，从而降低表面强度，这是导致地面砂浆、抹灰砂浆起砂、起粉的主要原因之一；其次，在砂浆拌和物内部形成泌水通道，直接影响砂浆的强度和耐久性。

① 成因。

a. 砂浆中砂的级配不合理。例如，砂中粗颗粒较多，砂的级配为间断级配。

b. 砂浆拌和物存放时间过长。砂浆拌和物放置时间过长，砂浆容易出现泌水现象。

c. 砂率过高，水泥含量过少。

d. 保水增稠材料质量差，或者掺量过低，导致拌和物保水率不能满足要求。

e. 掺和料质量不合格，如采用的矿渣粉、粉煤灰过粗。

f. 加水量过大，或拌和物放置一段时间后又加水。

② 防治措施。

a. 改善砂的颗粒级配。采用连续级配，提高砂浆的密实度。选择合适的细度模数，避免粗颗粒太多。

b. 选用适宜的掺和料。从改善泌水的角度看，粉煤灰通常比矿渣粉好。掺适量的沸石粉、膨润土等，均有利于降低砂浆的泌水。

c. 适当地增加粉料含量。增加砂中粒径 0.15mm 以下，特别是粒径 0.075mm 以下的颗粒含量，对改善砂浆拌和物的泌水性是有利的。

d. 适当增加水泥用量。水泥量增加，砂浆拌和物水化产物增加，会减轻砂浆拌和物的泌水。

e. 选择适宜的保水增稠材料品种和掺量。通过试验选择匹配的保水增稠材料品种及掺量，或复合引气剂、润滑触变剂等。

（4）砂浆拌和物离析

砂浆拌和物离析是指砂从拌和物浆体中分离出来，施工时表现为砂感强烈、不挂浆的现象。离析对砂浆施工和工程质量危害极大。例如，人工施工时，抹面上墙性能差，不黏结，施工砂感强烈，收（压）光难度大，收（压）光质量差等；机械化喷涂施工时，会造成堵管、堵泵，影响施工效率；养护成型后，则会造成空鼓、开裂等质量问题。砂浆拌和物的离析与砂浆拌和物的泌水，其成因及预防措施有相似之处[21]。

① 成因。

a. 砂的级配不合理。例如，砂中粗颗粒较多，砂的级配为间断级配。

b. 细粉含量过少，浆体难以包裹砂，造成拌和物黏聚性不足。

c. 保水增稠材料不匹配或掺量不足。

d. 加水量过大。

② 防治措施。

a. 改善砂的颗粒级配。采用连续级配，提高砂浆的密实度。选择合适的细度模数、避免粗颗粒太多。

b. 适当增加粉料含量。例如，增加砂中粒径 0.15mm 以下，特别是粒径 0.075mm 以下的颗粒含量。

c. 选择适宜的保水增稠材料品种及掺量。通过试验选择匹配的保水增稠材料品种及掺量，或复合引气剂、润滑触变剂等。

再生砂浆在应用过程中可能碰到的问题很多，这里只涉及其中的一部分。不同的质量问题，有的是相互影响和相伴发生的，防治措施是一致的，如空鼓与开裂；有的彼此存在一定的矛盾，防治措施也有冲突，如强度不足与开裂[22]。因此，在具体质量问题防治措施的选择上，应综合考虑，抓主要矛盾，不能顾此失彼。

参考文献

[1] 范明强. 水泥生产过程中的质量管理与控制策略 [J]. 散装水泥，2021 (4)：17-19.

[2] 封培然. 水泥质量控制的思考 [J]. 中国水泥，2010 (2)：34-36.

[3] 马小荣. 对影响水泥质量控制检测的探讨 [J]. 四川水泥，2020 (7)：347＋349.

[4] 刘杰，陈娟娟. 新老混凝土界面抗剪强度研究现状综述 [J]. 混凝土，2015 (1)：62-67.

[5] 陈谦，詹小刚，李剑雄，等. 砂浆常见质量问题及其解析 [J]. 广东建材，2011，27 (9)：27-29.

[6] 王爱勤. 商品砂浆抗裂性能的理论分析 [C] //首届全国商品砂浆学术会议论文集. 上海：机械工业出版社，2005.

[7] 吴礼贤，霍津海. 混凝土抗压强度与弹模关系式的理论基础 [J]. 重庆建筑工程学院学报，1993 (1)：31-35.

[8] 张承志. 关于商品砂浆性能研究两个问题的探讨 [C] //中国硅酸盐学会房材分会等. 第二届全国商品砂浆学术交流会论文集. 北京：2007.

[9] 赵波. 干混抹灰砂浆抗裂性能评价方法的研究与开发 [D]. 杭州：浙江工业大学，2015.

[10] 王雅云. 预拌砂浆的抗裂性能及评价方法研究 [D]. 福州：福州大学，2010.

[11] 刘宏伟. 浅析水泥砂浆墙面抹灰产生裂缝的原因及防治措施 [J]. 科技信息（学术研究），2007 (23)：289-290.

[12] 刘丽芳，王培铭，杨晓杰. 砂浆配合比对水分蒸发和塑性收缩裂缝的影响 [J]. 建筑材料学报，2006，9 (4)：453-458.

[13] 赵升旺，孙劲波. 水泥砂浆抹灰层不规则裂缝的预防 [J]. 新型建筑材料，2005 (9)：38-39.

[14] 王宝玉. 抹面抗裂砂浆性能的试验研究 [D]. 西安：西安建筑科技大学，2005.

[15] 李顺凯. 水泥砂浆的干燥收缩研究 [D]. 南京：南京工业大学，2004.

[16] 简家成，余钟鑫. 浅析干混砂浆检测质量控制 [J]. 广东建材，2016，32（6）：30-31.

[17] 罗庚望. 干混砂浆原材料、产成品及生产过程质量控制 [N]. 中国建材报，2014-06-16（3）.

[18] 潍奥. 干混砂浆"离析"问题产生的原因 [N]. 中国建材报，2010-09-28（B02）.

[19] 陈光. 干混砂浆生产过程的工艺管理与质量控制 [J]. 广东建材，2013，29（9）：56-60.

[20] 刘淑青. 浅谈湿拌抹灰砂浆的质量控制 [J]. 广东建材，2019，35（7）：41-42.

[21] 石莹，杨善顺，连亚明. 湿拌砂浆性能研究与质量控制 [J]. 混凝土世界，2017（8）：92-97.

[22] 叶勇，刘永道，李武江. 混凝土搅拌站湿拌砂浆生产及施工质量控制要点 [J]. 四川建材，2015，41（3）：257-259.

5 废弃黏土砖细骨料对再生砂浆性能的影响

中华人民共和国成立后，大量建筑材料砌体结构以黏土砖为主。伴随着人们生活水平的提高，现代化城市的飞速发展，土地人均占有面积越来越少，高层建筑包括高层住宅如雨后春笋般拔地而起，以黏土砖为主要结构的建筑逐渐被历史淘汰，砖砌体房屋被拆除，产生大量的黏土砖建筑垃圾[1]。目前，我国至少有近百亿吨的黏土砖建筑垃圾需要处理。

现阶段，国外对于废弃黏土砖骨料的研究比较成熟，大量的废弃黏土砖骨料重新应用于实际建筑中，在收获了良好的经济效益的同时也降低了生态环境的污染。相对而言，中国砖骨料回收利用还处于初级阶段，对黏土砖建筑垃圾的研究利用较少，国内的专家、学者就黏土砖回收利用还没提出统一的规范标准。因此，废弃黏土砖建筑垃圾的研究无论是对经济效益还是对环境效益的意义都非常重大。本节部分内容节选自哈尔滨工业大学王慧的《废弃混凝土再生细骨料对干混砂浆性能的影响》[2]。

5.1 主要研究内容

本节以建筑垃圾为研究对象，使用废弃黏土砖制备再生细骨料，以一定比例取代砂浆中的天然砂制备再生砂浆，并研究其各方面性能，从而减少了天然砂的开采，解决了建筑垃圾随意倾倒、堆放、浪费的问题。同时降低生产成本，促进"固废"资源化利用发展。本课题选用哈尔滨市某建筑工地拆迁房屋产生的黏土砖（强度等级约为 MU15）为原料制备再生骨料，经筛选、破碎后选取颗粒直径小于 4.75mm 的再生骨料以不同体积掺量制备再生砂浆并研究其性能影响，具体方案如下：

以废弃黏土砖为原料，运用科学合理的工艺设备经过简单的分选和清洗，去除其混入的木块、铁丝、玻璃等物质，经二次破碎、筛分获得颗粒直径小于 4.75mm 且符合《混凝土和砂浆用再生细骨料》（GB/T 25176—2010)[3]标准要求的再生骨料；并对其进行基本物理性能测试，主要包括细度模数、表观密度、堆积密度、含泥量等。以废弃黏土砖生产的再生细骨料替代天然砂（以 0%、20%、40%、50%、60%、80%和 100%取代天然砂）分别制备 M5、M7.5、M10、M15 四种强度等级的再生砂浆；研究不同体积掺量对再生砂浆稠度、保水率、表观密度、抗压强度、抗冻性能的影响，并分析其作用机理。

5.2 砖骨料对再生砂浆物理性能的影响

砖骨料的物理性质见 2.2.2 节，本试验将破碎后的废弃黏土砖再生骨料，根据《砌筑砂浆配合比设计规程》（JGJ/T 98—2010）[4]确定水泥、骨料以及水的用量，将砖骨料以 0%、20%、40%、50%、60%、80%和 100%取代天然骨料制备 M5、M7.5、M10、M15 四个强度等级的再生砂浆；研究再生砂浆的表观密度、稠度、保水性等基本物理性能，M5、M7.5、M10、M15 废弃黏土砖再生砂浆分别用字母 A、B、C、D 表示，配合比设计方案见表 5-1。

表 5-1　M5、M7.5、M10、M15 砖骨料再生砂浆配合比

编号	强度等级（MPa）	砖骨料掺量（%）	水泥用量（kg/m³）	天然砂用量（kg/m³）	砖骨料用量（kg/m³）
A1		0		1500	0
A2		20		1200	300
A3		40		900	600
A4	M5	50	230	750	750
A5		60		600	900
A6		80		300	1200
A7		100		0	1500
B1		0		1500	0
B2		20		1200	300
B3		40		900	600
B4	M7.5	50	250	750	750
B5		60		600	900
B6		80		300	1200
B7		100		0	1500
C1		0		1500	0
C2		20		1200	300
C3		40		900	600
C4	M10	50	280	750	750
C5		60		600	900
C6		80		300	1200
C7		100		0	1500
D1		0		1500	0
D2		20		1200	300
D3		40		900	600
D4	M15	50	340	750	750
D5		60		600	900
D6		80		300	1200
D7		100		0	1500

5.2.1　砖骨料对再生砂浆用水量的影响

由于废黏土砖骨料的吸水率相比天然砂高出许多，为保证再生砂浆施工时的和易

性，所以采用控制再生砂浆稠度的方法来控制加水量。试验中废弃黏土砖再生砂浆的稠度控制在（70±5）mm。不同掺量废弃黏土砖骨料制备强度等级 M5、M7.5、M10、M15 再生砂浆用水量见图 5-1。

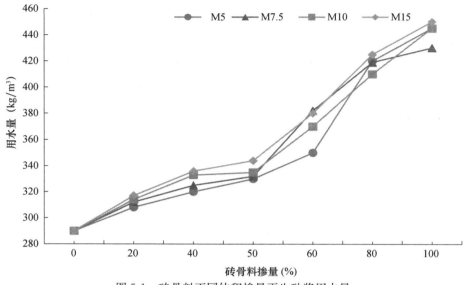

图 5-1　砖骨料不同体积掺量再生砂浆用水量

由图 5-1 可知，稠度相同时，再生砂浆用水量随砖骨料掺量的增加呈现逐渐递增趋势，水泥用量的增加对再生砂浆用水量的影响不大。M5、M7.5、M10、M15 四个强度等级的黏土砖骨料再生砂浆用水量变化曲线均在砖骨料掺量 0％～50％时变化平稳，用水量变化不大；当砖骨料掺量大于 50％时曲线变得陡峭，需水量增加显著。这一现象与废弃黏土砖骨料内部结构有关，废弃黏土砖骨料的孔隙率较大，蓄水量也就大。砖骨料掺量不大于 50％时，再生砂浆以天然砂为主要骨料，用水量增加不明显；在砖骨料掺量大于 50％时，再生砂浆骨料以废弃黏土砖骨料为主，因其孔隙率较大，用水量也随之增加。说明有一部分拌和用水被砖骨料以一定的百分比吸收为"内部水"，暂时对稠度没有影响。但是增加的拌和用水会降低砂浆的灰水比，从而降低砂浆中的水化产物强度，并且增加了干缩开裂的可能，因此，减少砖骨料的吸水率能够很好地改善砖骨料制备砂浆的性能。

5.2.2　砖骨料对再生砂浆表观密度的影响

再生砂浆密度试验，主要是用于确定每 1m³ 再生砂浆拌和物中各个材料的实际用量。将废弃黏土砖骨料再生砂浆拌和物的稠度控制在（70±5）mm，分别测定强度等级 M5、M7.5、M10、M15 废弃黏土砖骨料再生砂浆拌和物的密度，如图 5-2 所示。

由图 5-2 可见，强度等级 M5、M7.5、M10、M15 再生砂浆表观密度变化大致相同，均表现为：砖骨料再生砂浆的密度变化规律与砖骨料体积掺量呈正比，随砖骨料体积掺量的不断增加而逐渐减小；且全天然砂制备的再生砂浆密度大于砖骨料再生砂浆的密度。出现这一现象的原因是：废弃黏土砖骨料的表观密度及松散堆积密度均小于天然砂，同一强度等级砖骨料再生砂浆在稠度一定的前提下，单位体积内水泥的质量是不变的，砖骨料掺量不断增加的同时用水量也不断加大，再生砂浆拌和物的密度反而减小，所以砖骨料的密度对再生砂浆的密度起主要影响作用。M7.5 强度等级再生砂浆在砖骨料掺量 40% 时测得的密度值出现离散现象，出现这一现象可能与试验失误、计量不准确、电子秤没有归零有关。为保证施工中再生砂浆拌和物的和易性，规范标准中要求再生砂浆表观密度大于 1800kg/m³，因此废弃黏土砖骨料再生砂浆密度均符合规范要求。

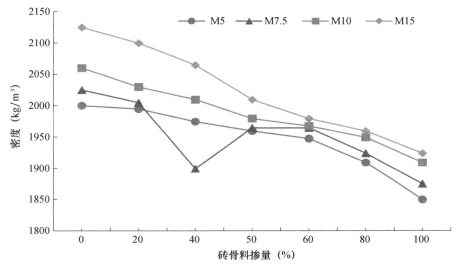

图 5-2　砖骨料再生砂浆表观密度变化

5.2.3　砖骨料对再生砂浆保水性的影响

砂浆的保水性是指砂浆保全水分的能力。砂浆保水性不好不仅在运输和施工过程中出现离析、泌水现象，而且降低砂浆的黏合性能，甚至影响砂浆后期硬化程度，降低抗压强度和抗折强度。将废弃黏土砖骨料再生砂浆拌和物的稠度控制在（70±5）mm，分别测定强度等级 M5、M7.5、M10、M15 废弃黏土砖骨料再生砂浆拌和物的保水率，如图 5-3 所示。

由图 5-3 可见，加入砖骨料后废弃黏土砖骨料再生砂浆在一定程度上提高了保水性。四种强度等级再生砂浆保水率随着砖骨料掺量的增加呈现先上升后下降的趋势。强度等级 M5 的砖骨料再生砂浆砖骨料掺量在 50%～80% 的保水率较好，砖骨料掺量 40% 时的保水率出现离散现象，这一现象可能与中速定性滤纸失效、电子秤称量时没有归零等因素有关；M7.5 再生砂浆砖骨料掺量 40%～60% 时强度等级保水率较佳，M7.5 再生砂浆砖骨料掺量 80% 时的保水率出现离散现象，这一现象可能与中速定性滤纸失效、电子秤称量时没有归零等因素有关；M10 砖骨料再生砂浆砖骨料最优掺量为 40%～80%；M15 再生砂浆砖骨料掺量在 20%～60% 的保水率较好。因此，砖骨料再生砂浆为获得较好的保水性，砖骨料掺量应控制在 40%～60%。

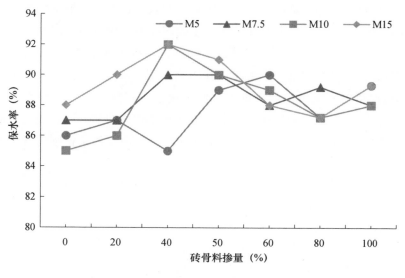

图 5-3　砖骨料再生砂浆保水率

5.3　砖骨料对再生砂浆立方体抗压强度的影响

根据《建筑砂浆基本性能实验方法标准》（JGJT/ 70—2009)[5]，本试验主要研究 M5、M7.5、M10、M15 四种强度等级再生砂浆，在废弃黏土砖骨料 0％、20％、40％、50％、60％、80％和 100％七种比率替代天然砂时的抗压强度变化情况，将制备的砂浆立方体试块置于标准养护室养护，研究砖骨料不同替代率对四种强度等级砂浆在 3d、7d、14d、28d 四个龄期立方体抗压强度的影响。

M5 再生砂浆砖骨料不同体积掺量对抗压强度的影响如图 5-4 所示。

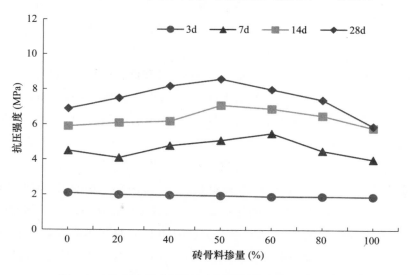

图 5-4　M5 再生砂浆砖骨料掺量变化对抗压强度的影响

由图 5-4 可见，强度等级 M5 再生砂浆的抗压强度，在不同龄期随砖骨料掺量增加表现出的变化规律有所不同。随着砖骨料体积掺量逐渐增加，M5 强度等级再生砂浆 3d 抗压强度略有下降，但是总体的变化并不大。而在 7d、14d、28d 龄期时砖骨料再生砂浆抗压强度变化规律颇为相似，都表现出随着砖骨料体积掺量不断增加，呈现先上升后下降的趋势。在 7d 龄期砖骨料掺量为 60％时，砖骨料再生砂浆 7d 抗压强度最高，达到 5.5MPa，相比未加废弃黏土砖骨料的普通砂浆的 7d 抗压强度提高约 1.2 倍；在砖骨料掺量超过 60％后抗压强度迅速下降，砖骨料掺量 100％时强度为 4.0MPa，比未加砖骨料的普通砂浆降低了 0.5MPa。14d、28d 抗压强度在砖骨料掺量 50％时均达到最高值，抗压强度分别达到 7.1MPa、8.6MPa，对比未加砖骨料的普通砂浆抗压强度分别提高了 20.3％、24.6％；在砖骨料掺量超过 50％之后抗压强度均迅速下降，当砖骨料体积掺量为 80％时，28d 抗压强度为 7.4MPa，大于未加入砖骨料的普通砂浆抗压强度 6.9MPa；当砖骨料体积掺量达到 100％时，再生砂浆的 28d 抗压强度为 5.9MPa，小于未加入砖骨料的普通砂浆抗压强度 6.9MPa，但是仍然能够满足 M5 强度等级普通砂浆 28d 抗压强度大于 5MPa 的要求。

M7.5 再生砂浆砖骨料不同体积掺量对抗压强度的影响如图 5-5 所示。

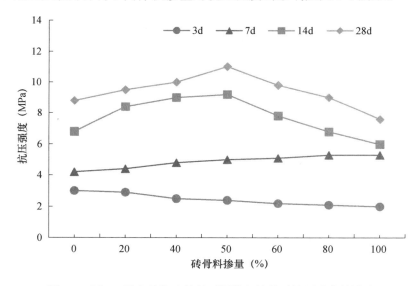

图 5-5　M7.5 再生砂浆砖骨料不同体积掺量对抗压强度的影响

由图 5-5 可见，3d 强度随砖骨料体积掺量增加逐渐下降，7d 抗压强度略有上升趋势，而 14d、28d 抗压强度先升高后下降。砖骨料掺量 100％再生砂浆 7d 抗压强度 5.3MPa，相比未加废弃黏土砖骨料的普通砂浆抗压强度提高了 26％。14d、28d 抗压强度在砖骨料掺量 50％时达到峰值，分别为 9.2MPa、11MPa，对比同龄期普通砂浆抗压强度分别提高了 35％、25％。即使砖骨料掺量超过 50％，28d 抗压强度迅速下降，但在 100％掺量时再生砂浆 28d 抗压强度最低为 7.6MPa，仍然能够满足 M7.5 强度等级普通砂浆 28d 抗压强度要求。

M10 再生砂浆砖骨料不同体积掺量对抗压强度的影响如图 5-6 所示。

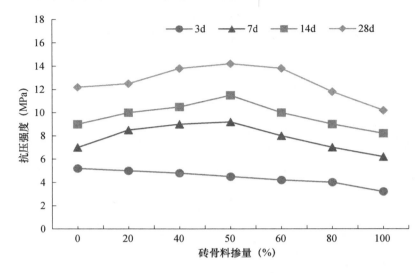

图 5-6　M10 再生砂浆砖骨料掺量变化对抗压强度的影响

由图 5-6 可见，M10 强度等级再生砂浆随砖骨料掺量的不断增加，不同龄期抗压强度变化规律与 M5 砂浆相似，3d 抗压强度呈逐渐降低趋势，7d、14d、28d 抗压强度先上升后下降。当砖骨料掺量为 50％时，7d、14d、28d 抗压强度均达到峰值，与同龄期未加废弃黏土砖骨料的普通砂浆相比抗压强度分别提高了 30％、26％、19％。砖骨料掺量在 60％之前，强度等级 M10 再生砂浆 28d 抗压强度均大于未加入砖骨料的普通砂浆抗压强度。砖骨料 100％掺量时 M10 再生砂浆 28d 抗压强度为 10.2MPa，虽然比未加入砖骨料普通砂浆抗压强度 12.2MPa 低，但是仍然能够满足 M10 等级砂浆的强度要求。

M15 再生砂浆砖骨料不同体积掺量对抗压强度的影响如图 5-7 所示。

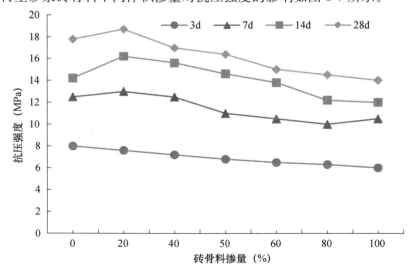

图 5-7　M15 再生砂浆砖骨料掺量变化对抗压强度的影响

由图 5-7 可见，M15 砖骨料再生砂浆除 3d 抗压强度逐渐降低；7d、14d、28d 抗压强度都是随砖骨料掺量的不断增加呈现出先增加后减小的趋势，并且都是在砖骨料掺量为 20% 时，再生砂浆的抗压强度达到最高。28d 砂浆抗压强度峰值达到 18.7MPa，比同龄期普通砂浆抗压强度 17.8MPa 增长了 5%；在砖骨料替代率为 80% 时，再生砂浆的抗压强度为 14.5MPa，已不能满足 M15 强度等级普通砂浆 28d 抗压强度要求，因此，强度等级 M15 的再生砂浆砖骨料掺量不得超过 80%。

综上所述，砖骨料对再生砂浆抗压强度的影响因素如下：

再生砂浆的强度受砖骨料掺量变化的影响，并且按照一定的规律变化，加入砖骨料的普通砂浆抗压强度均呈现出先上升后下降的趋势。这是因为，普通砂浆主要以骨料作为主体水泥浆体填充骨料缝隙的结构形态，普通砂浆所用的细骨料级配越好，孔隙率越低，内部结构越密实，其抗压强度越高。影响废弃黏土砖骨料再生砂浆强度的因素可能有以下几个方面。

首先，本试验所用的废弃黏土砖细度模数为 2.9，而天然砂的细度模数仅为 2.7，废弃黏土砖相比天然砂更粗一些。废弃黏土砖经机器破碎后得到的砖骨料形态各异、棱角分明，而天然砂由于自然条件因素颗粒形态圆润，多呈圆形或椭圆形。废弃黏土砖骨料填充天然骨料的空间网格骨架中使再生砂浆骨架结构更加密实。

其次，废弃黏土砖骨料相对天然砂吸水率更大，相同稠度下，废弃黏土砖骨料再生砂浆相比普通砂浆需水量更多，因加水量增多，促使水泥水化作用加强，水泥硬化更加充分，水泥浆体与骨料之间更加密实，孔隙率降低，普通砂浆内部结构更加紧密，抗压强度升高。

再次，掺入废弃砖骨料的再生砂浆，由于砖骨料的吸水性强，会吸收一部分与水泥水化的水分，使再生砂浆硬化过程中形成真空吸压作用，使再生砂浆骨架结构更加密实，促使水泥浆体与骨料之间黏结强度增强，再生砂浆强度增加。

根据再生砂浆水化反应机理，砂浆早期水化作用不完全，早期再生砂浆抗压强度主要取决于砂浆内部结构是否密实，骨料堆积越密实，再生砂浆抗压强度越高；反之越低。但到了后期，再生砂浆中水泥的水化反应充分，在骨料与水化产物之间产生作用力，此时再生砂浆抗压强度主要取决于这种作用力。作用力越大，强度越高；反之则低。据相关数据可知，在 28d 时，水泥抗压强度在 32.5MPa 以上，天然砂在 50MPa，而废弃黏土砖骨料抗压强度很低，仅为 15~20MPa。可见，当承压材料以水泥及天然砂为主时的抗压强度必定高于以砖骨料为主的抗压强度。因此，当砖骨料掺量超过一定比率时，以砖骨料为主要承压材料的普通砂浆抗压强度随砖骨料掺量的增加而逐渐降低。

5.4 砖骨料对再生砂浆抗冻性能的影响

本试验主要研究砖骨料掺量均为 50% 时 M5、M7.5、M10、M15 四种强度等级再生砂浆进行冻融循环试验，其主要区别为不同强度等级砂浆水泥用量不同。本次冻融试验主要研究在砖骨料掺量相同情况下，水泥用量的改变对再生砂浆抗冻性能的影响。每个强度等级制备试块 2 组共 6 块，本次冻融循环试验共需要试块 24 个。

M5、M7.5、M10、M15 四种强度等级砖骨料再生砂浆进行冻融循环后抗压强度变化情况如表 5-2 所示。

表 5-2 砖骨料再生砂浆冻融循环后抗压强度值

强度等级	不同冻融循环次数强度变化（MPa）				
	0 次	5 次	20 次	40 次	60 次
M5	9.6	9.5	8.9	8.2	7.6
M7.5	11	10.7	10.1	9.4	8.7
M10	14.5	14.3	13.8	12.9	11.7
M15	16.4	15.9	15.1	14.3	13.5

由表 5-2 可知，冻融循环 5 次时，M5、M7.5、M10、M15 强度等级再生砂浆抗压强度均有所降低且降低范围是 1.04%～3.05%；冻融循环 20 次，再生砂浆强度降低范围是 3.05%～8.18%；当冻融循环 40 次时，四种砖骨料再生砂浆抗压强度降低范围是 12.8%～14.58%；冻融循环 60 次时，M5、M7.5、M10、M15 四种再生砂浆抗压强度降低范围为 17.07～20.83%。不同强度等级再生砂浆抗压强度损失率与冻融循环次数变化关系如图 5-8 所示。

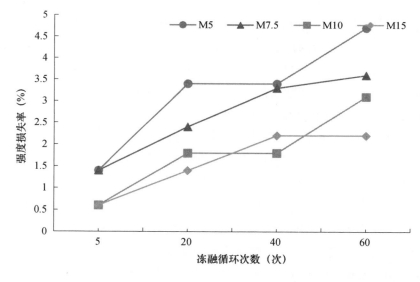

图 5-8 不同强度再生砂浆抗压强度损失率与冻融循环次数变化关系

由表 5-2、图 5-8 可直观地看出，M5、M7.5、M10、M15 砖骨料再生砂浆在冻融循环 60 次后，砂浆立方体抗压强度损失率均在 25% 以下，强度损失率满足规范要求，是合格的。不同强度等级的再生砂浆，水泥用量的增加对冻融循环作用下砂浆抗压强度有一定的影响，M5 强度等级砖骨料再生砂浆经 60 次冻融循环，其抗压强度下降了 20.83%；M7.5 强度等级砖骨料再生砂浆经 60 次冻融循环，其抗压强度下降了 19.31%；M10 强度等级砖骨料再生砂浆经 60 次冻融循环,其抗压强度下降了 18.62%;M15 强度等级砖骨料再生砂浆经 60 次冻融循环,其抗压强度下降了 17.07%。经比对分析可知,砖骨料掺量 50% 的再生砂浆在冻融循环作用下抗压强度损失率随水泥用量的增加而降低。因此,位于东北地区长期处于冻融环境的建筑物,以选用高强度等级的砂浆为宜。

M5、M7.5、M10、M15 四种强度等级砖骨料再生砂浆进行冻融循环后质量损失变化情况如表 5-3 所示。

表 5-3 砖骨料再生砂浆冻融循环试块质量变化对应值

强度等级	不同冻融循环次数质量对应值(MPa)				
	0 次	5 次	20 次	40 次	60 次
M5	730	726	720	720	710
M7.5	740	740	730	730	730
M10	750	750	742	740	740
M15	765	765	758	758	758

如表 5-3、图 5-9 所示,M5、M7.5、M10、M15 四种砖骨料再生砂浆经过冻融循环后,砂浆试块的质量均下降。当冻融循环次数为 5 次时,M5 强度等级砖骨料再生砂浆质量下降 0.55%;在冻融循环试验 20 次及 40 次时,质量下降了 1.37%;而在冻融循环次数为 60 次时,冻融循环试验结束,质量损失率为 2.74%。M7.5 强度等级砖骨料再生砂浆在冻融循环试验 5 次时,质量无变化,质量损失率为 0;到了冻融循环 20 次时,试件质量才发生变化,质量损失率为 1.35%;冻融循环 40 次和 60 次时,试件质量无变化,损失率仍保持在 1.35%。M10、M15 强度等级砖骨料再生砂浆冻融循环试验质量损失率变化规律与 M7.5 强度等级砂浆相似,均在冻融 5 次时质量无变化;在冻融

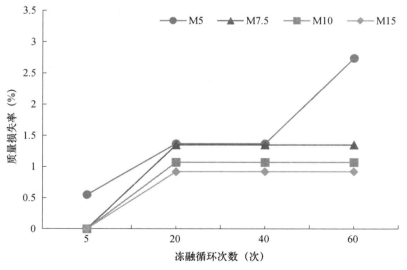

图 5-9 不同强度等级再生砂浆试块质量损失率与冻融循环次数变化关系

循环 20 次时质量损失率分别为 1.07%、0.92%；冻融循环 40 次和 60 次时，试件质量无变化，损失率仍保持在 1.07%、0.92%。四种砂浆试块经冻融循环 60 次时，质量损失率均未超过 3%，符合规范质量损失率不大于 5% 的要求。随着水泥用量的增加质量损失相对减小，即强度等级较低的砂浆试块质量损失更为严重，砂浆强度等级越低，水泥水化程度相应降低致使骨料间黏结性能降低，影响砂浆的抗冻性能。

5.5 本章小结

废弃黏土砖骨料再生砂浆拌和物在稠度相同时，水泥用量增加对再生砂浆需水量的影响不大；但砖骨料掺量的不断增加使再生砂浆需水量呈现逐渐递增趋势。

M5、M7.5、M10、M15 强度等级再生砂浆表观密度随砖骨料掺量的增加逐渐降低；且全天然砂制备的砂浆拌和物的表观密度始终大于废弃黏土砖骨料再生砂浆的密度。再生砂浆拌和物密度均大于 1800kg/m³，满足砂浆和易性要求。

适当掺入砖骨料可以提高再生砂浆保水率，为获得较好的保水性，砖骨料掺量应控制在 40%~60%。

不同强度等级砖骨料再生砂浆 28d 抗压强度随砖骨料体积掺量的增加均呈现先上升后下降的趋势。M5、M7.5、M10 三种强度等级再生砂浆 28d 抗压强度均在砖骨料掺量为 50% 时最高；而 M15 强度再生砂浆砖骨料掺量为 20% 时，28d 抗压强度达到峰值。根据本小节设计配合比，M5、M7.5、M10 三种强度等级再生砂浆在砖骨料掺量 100% 时 28d 抗压强度仍然能够满足相对应强度等级普通砂浆 28d 抗压强度要求；而 M15 强度再生砂浆为满足 28d 抗压强度的要求，砖骨料掺量不得大于 80%。

砖骨料掺量 50% 时，M5、M7.5、M10、M15 四种强度等级再生砂浆经 60 次冻融循环作用，最高强度损失率为 20.83%，最大质量损失率为 2.74%，冻融循环强度损失率合格，满足规范要求。砖骨料掺量 50% 的再生砂浆在冻融循环作用下抗压强度损失率和质量损失率均随水泥用量增加而降低。

参考文献

[1] 王建. 黏土砖再生干混砂浆应用研究 [D]. 青岛：山东科技大学，2017.
[2] 王慧. 废弃混凝土再生细骨料对干混砂浆性能的影响 [D]. 哈尔滨：哈尔滨工业大学，2018.
[3] 中华人民共和国国家质量监督检验检疫总局，中国国家标准化管理委员会. 混凝土和砂浆用再生细骨料：GB/T 25176—2010 [S]. 北京：中国标准出版社，2010.
[4] 中华人民共和国住房和城乡建设部. 砌筑砂浆配合比设计规程：JGJ/T 98—2010 [S]. 北京：中国建筑工业出版社，2011.
[5] 中华人民共和国住房和城乡建设部. 建筑砂浆基本性能试验方法标准：JGJ/T 70—2009 [S]. 北京：中国建筑工业出版社，2009.

6 废弃混凝土细骨料对再生砂浆性能的影响

随着城市大规模的建设,天然石材及砂被过量开采,而将废弃混凝土经过清洗破碎后制成再生骨料,不仅可以减少天然骨料的开采,还可以减少对环境的污染。同时符合我国可持续发展战略及环境保护政策。

6.1 主要研究内容

本课题选用哈尔滨市某建筑工地拆迁房屋产生的(强度为 C10～C15)废弃混凝土为原料制备再生骨料,经筛选、破碎后选取颗粒直径小于 4.75mm 的再生骨料以不同体积掺量制备再生砂浆并研究其性能影响,具体方案如下:

以废弃混凝土为原料,运用科学合理的工艺设备经过分选和清洗,去除混入的木块、铁丝、玻璃等物质,经二次破碎、筛分获得颗粒直径小于 5mm 且符合《混凝土和砂浆用再生细骨料》(GB/T 25176—2010)标准要求的再生骨料;并对其进行基本物理性能测试,主要包括细度模数、表观密度、堆积密度、含泥量等。以废弃混凝土生产的再生细骨料替代天然砂(以 0%、20%、40%、50%、60%、80% 和 100% 取代天然砂)分别制备 M5、M7.5、M10、M15 四种强度等级的再生砂浆;研究不同体积掺量对再生砂浆稠度、保水率、表观密度、抗压强度、抗冻性能的影响,并分析其作用机理。

6.2 废弃混凝土细骨料对再生砂浆物理性能的影响

废弃混凝土再生细骨料的物理性质见 2.2.2 节,根据《砌筑砂浆配合比设计规程》(JGJ/T 98—2010)[1]确定配合比方案,废弃混凝土再生细骨料以 0%、20%、40%、50%、60%、80% 和 100% 取代天然砂制备 M5、M7.5、M10、M15 四个强度等级的再生砂浆,研究其表观密度、稠度、保水性等基本物理性能、抗压强度以及抗冻性能,字母 J、K、L、M 分别代表 M5、M7.5、M10、M15 四个强度等级再生砂浆,具体配合比设计方案见表 6-1。

表 6-1 M5、M7.5、M10、M15 废弃混凝土再生砂浆配合比

编号	强度等级(MPa)	废混凝土骨料掺量(%)	水泥用量(kg/m³)	天然砂用量(kg/m³)	砖骨料用量(kg/m³)
J1		0		1500	0
J2	M5	20	230	1200	300
J3		40		900	600

编号	强度等级（MPa）	废混凝土骨料掺量（%）	水泥用量（kg/m³）	天然砂用量（kg/m³）	砖骨料用量（kg/m³）
J4	M5	50	230	750	750
J5		60		600	900
J6		80		300	1200
J7		100		0	1500
K1	M7.5	0	250	1500	0
K2		20		1200	300
K3		40		900	600
K4		50		750	750
K5		60		600	900
K6		80		300	1200
K7		100		0	1500
L1	M10	0	280	1500	0
L2		20		1200	300
L3		40		900	600
L4		50		750	750
L5		60		600	900
L6		80		300	1200
L7		100		0	1500
M1	M15	0	340	1500	0
M2		20		1200	300
M3		40		900	600
M4		50		750	750
M5		60		600	900
M6		80		300	1200
M7		100		0	1500

6.2.1 废弃混凝土细骨料对再生砂浆用水量的影响

混凝土再生细骨料吸水率是天然砂的5倍，用其不同体积掺量制备的再生砂浆在相同稠度下的用水量也会发生变化，本试验稠度控制在（70±5）mm，研究再生砂浆用水量与混凝土细骨料不同体积掺量的变化关系，试验结果如图6-1所示。

如图6-1可知，相同稠度时，混凝土再生细骨料砂浆用水量变化规律与砖骨料再生砂浆相似。随混凝土细骨料掺量的增加混凝土再生砂浆的用水量也随之增加。而水泥用量增加对再生砂浆用水量的影响不明显，这是因为废弃混凝土经破碎后含有附着水泥浆的砂粒、水泥石颗粒以及少量的石粉。其中，水泥石颗粒及附着少量水泥浆的砂粒在破碎过程中产生细微裂纹，孔隙率较大，随着掺量的增加吸水率也随之增加，但混凝土再生细骨料的吸水率小于砖骨料吸水率，致使同一强度等级再生砂浆相同体积掺量下混凝土再生细骨料砂浆的用水量始终小于砖骨料再生砂浆。

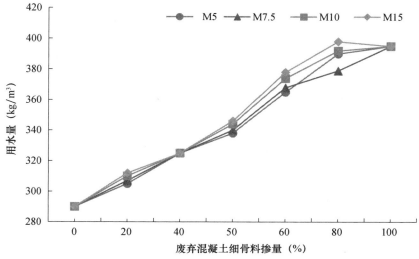

图 6-1　废弃混凝土再生细骨料不同体积掺量再生砂浆用水量

6.2.2　废弃混凝土细骨料对再生砂浆密度的影响

试验稠度依然控制在（70±5）mm，混凝土再生细骨料不同体积掺量对强度等级 M5、M7.5、M10、M15 四种再生砂浆拌和物密度的影响见图 6-2。

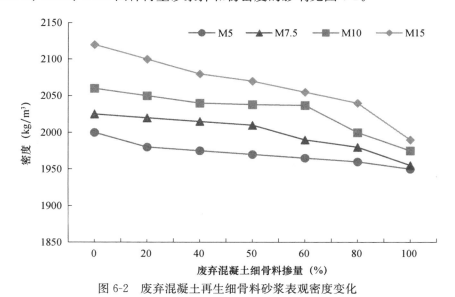

图 6-2　废弃混凝土再生细骨料砂浆表观密度变化

从图 6-2 中可以看出：废弃混凝土再生砂浆中再生细骨料掺量对其表观密度的影响规律与砖骨料再生砂浆相似，都是随着再生骨料掺量的增加表观密度逐渐降低，且全天然砂制备的砂浆拌和物的表观密度始终大于掺入再生细骨料制备的砂浆表观密度，这是因为混凝土再生细骨料的表面包裹着一层硬化的水泥浆体，水泥浆体孔隙率高、密度低，致使废弃混凝土再生细骨料制备的砂浆结构骨架疏松，表观密度低。

6.2.3　废弃混凝土细骨料对再生砂浆保水性的影响

在与基层接触时，再生砂浆良好的保水性不仅可以提高其与基层的黏结力，还能提高其抗压强度。砂浆的保水性是指砂浆拌和物能够保持水分的能力，也指砂浆中各项组成材料不易分离的性质，主要用保水率来表示。稠度控制在（70±5）mm，四种再生砂浆拌和物的保水率变化见图6-3。

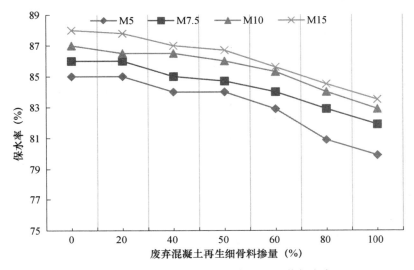

图 6-3　废弃混凝土再生细骨料再生砂浆保水率

由图6-3可见，与砖骨料再生砂浆保水率变化规律不同，混凝土再生细骨料砂浆保水率随着再生细骨料掺量的增加而逐渐降低。出现这一现象是由于混凝土再生细骨料破碎时产生的细微裂缝较多，孔隙率较大，吸水能力增强，同时水分的保存能力降低，水分更容易流失，造成保水率降低，保水性能下降。水泥用量的增加也对砂浆保水率产生影响。各强度等级砂浆保水率大小关系为：M5 强度等级砂浆＜M7.5 强度等级砂浆＜M10 强度等级砂浆＜M15 强度等级砂浆，这是因为水泥用量增加，胶凝材料与水结合的能力增强，保水率也随之提高，因此，增加水泥胶凝材料的使用量可以提高废弃混凝土再生细骨料砂浆保水率。

6.3　废弃混凝土细骨料对再生砂浆立方体抗压强度的影响

再生砂浆的抗压强度是其重要的力学性能指标，是指外力施压时的强度极限。本节主要研究不同强度等级再生砂浆抗压强度与再生细骨料取代天然骨料的不同取代率之间的关系。根据《建筑砂浆基本性能试验方法标准》（JGJ/T 70—2009）[2]，本试验主要研

究 M5、M7.5、M10、M15 四种强度等级再生砂浆，在废弃混凝土再生细骨料以 0%、
20%、40%、50%、60%、80% 和 100% 7 种比率替代天然砂时的抗压强度变化情况；
将制备的砂浆立方体试块置于标准养护室养护，研究混凝土再生骨料不同替代率对四种
强度等级砂浆在 3d、7d、14d、28d 四个龄期立方体抗压强度的影响。

M5 强度等级再生砂浆再生细骨料不同体积掺量对其抗压强度的影响如图 6-4 所示。

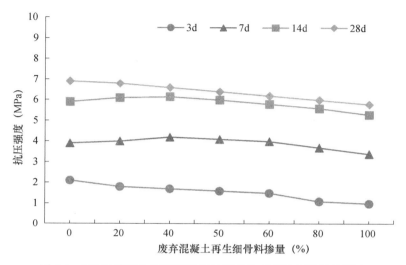

图 6-4　M5 砂浆再生细骨料掺量体积变化对其抗压强度的影响

由图 6-4 可见，3d 抗压强度随着再生骨料掺量的增加呈现逐渐降低趋势，对比天然
砂制备的砂浆抗压强度均有下降，强度损失率分别为 14%、19%、23.8%、28.6%、
42.8%、47.6%。7d、14d 龄期抗压强度均随混凝土细骨料掺量的增加呈先上升后下降
趋势，且都在 40% 取代率时抗压强度达到峰值，对比普通砂浆抗压强度分别升高了
11%、5.1%。28d 抗压强度整体呈下降趋势，对比天然砂制备的砂浆抗压强度分别降
低了 0.1MPa、0.3MPa、0.4MPa、0.6MPa、0.8MPa、1.0MPa；强度损失率分别为
1.4%、4.3%、5.8%、8.7%、11.6%、14.5%。再生细骨料掺量 100% 时，28d 抗压
强度为 5.9MPa，满足 M5 强度等级普通砂浆 28d 抗压强度的要求。

M7.5 砂浆再生细骨料不同体积掺量对其抗压强度的影响如图 6-5 所示。

由图 6-5 可见，M7.5 强度等级再生砂浆各龄期抗压强度变化规律略有不同，3d 抗压
强度随再生细骨料掺量的增加呈降低趋势：细骨料掺量在 20%、40%、50%、60%、
80%、100%，对比天然砂的普通砂浆抗压强度分别降低了 0.1MPa、0.2MPa、0.3MPa、
0.4MPa、0.8MPa、1.0MPa；强度损失率分别为 3.2%、6.5%、9.7%、12.9%、25.8%、
32.3%。7d 强度随细骨料体积掺量的增加先上升后下降，在 20% 达到最高值 7.3MPa，较
普通砂浆强度提高了 19.7%。14d 抗压强度均是在细骨料体积掺量 50% 达到最大值，50%
之前强度逐渐升高，50% 之后强度迅速下降。28d 抗压强度随再生细骨料体积掺量增加先
上升后下降；在 40% 抗压强度达到最大值 10.2MPa，对比普通砂浆抗压强度提高了 16%；

满足 M7.5 强度等级普通砂浆 28d 抗压强度的要求，细骨料掺量不能超过 80%。

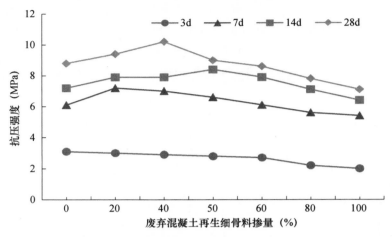

图 6-5　M7.5 砂浆再生细骨料掺量体积变化对其抗压强度的影响

M10 强度等级再生砂浆再生细骨料不同体积掺量对其抗压强度的影响如图 6-6 所示。

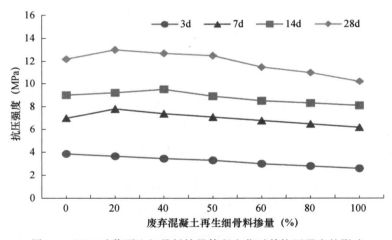

图 6-6　M10 砂浆再生细骨料掺量体积变化对其抗压强度的影响

由图 6-6 可见，不同龄期 M10 再生砂浆变化规律不同。在 3d 龄期时，与 M5、M7.5 强度等级再生细骨料砂浆抗压强度变化规律相似，M10 废弃混凝土再生细骨料砂浆的抗压强度随着再生细骨料取代天然砂取代率的增加而呈现逐渐降低的趋势，混凝土细骨料掺量在 20%、40%、50%、60%、80%、100% 时，对比天然砂制备的普通砂浆抗压强度分别降低了 0.2MPa、0.4MPa、0.5MPa、0.7MPa、0.9MPa、1.1MPa；强度损失率分别为 5.1%、10.3%、12.8%、17.9%、23.1%、28.2%。而在 7d、14d、28d 龄期时，M10 废弃混凝土再生细骨料砂浆的抗压强度随着再生细骨料掺量的增加呈现先上升后下降的变化趋势。7d 龄期时，掺量 20% 时再生砂浆抗压强度达到峰值，较普通砂浆强度升高了 9.9%。14d 龄期时，再生细骨料掺量 40% 时再生砂浆抗压强度达到峰值，强度达到 9.5MPa，是同龄期未掺再生细骨料普通砂浆抗压强度的 1.06 倍。28d 再生细骨料砂浆抗压强度在掺量 20％时达到峰值 13.1MPa，对比未加再生细骨料的普通砂浆强度增长 0.9MPa，再生细骨料掺量 100％时，28d 抗压强度为 10.2MPa，满足 M10 强度等级砂浆 28d 抗压强度的要求。

M15 强度等级砂浆再生细骨料不同体积掺量对其抗压强度的影响如图 6-7 所示。

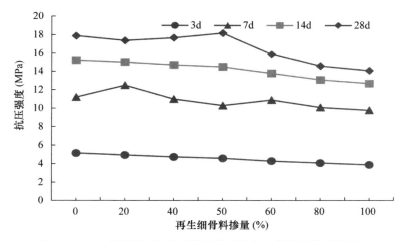

图 6-7   M15 砂浆再生细骨料掺量体积变化对其抗压强度的影响

由图 6-7 可见，M15 再生细骨料砂浆各龄期抗压强度变化规律不同。3d 抗压强度随再生细骨料掺量的增加而逐渐降低，细骨料掺量在 20％、40％、50％、60％、80％、100％时，对比普通砂浆抗压强度分别降低了 8％、14％、22％、32％、42％、54％。7d 抗压强度随细骨料掺量增加呈现波浪形变化，在 0％～20％略微上升，20％～50％急速下降，50％～60％继续上升，60％之后逐渐下降，细骨料取代率 20％时 7d 抗压强度最高为 12.5MPa，较普通砂浆抗压强度提高了 4.2％。14d 抗压强度在再生细骨料掺量小于 50％时变化不明显，略微有下降趋势，大于 50％后抗压强度明显下降。28d 时抗压强度在 20％之前呈下降趋势，20％～50％又逐渐上升，大于 50％后迅速下降，50％掺量抗压强度最高为 18.2MPa，较普通砂浆提高了 4.6％；当再生细骨料掺量超过 80％，再生砂浆的抗压强度小于 15MPa，已不能满足 M15 强度等级砂浆 28d 抗压强度要求，所以 M15，再生砂浆废混凝土再生细骨料掺量不宜超过 80％。

再生细骨料砂浆抗压强度的影响因素：由试验结果可知，废弃混凝土再生细骨料体积掺量对再生砂浆抗压强度的影响并没有明显的规律，这现象与再生细骨料制备的砂浆内部结构及强度影响有关。废弃混凝土再生细骨料大部分是以天然骨料外层包裹水泥浆体为主要结构形态。用再生细骨料制的砂浆在水化反应时与水泥浆体又形成新的界面，即再生砂浆有原生界面和新形成界面两个界面同时存在。在水化反应早期，水泥水化不完全，新生界面强度低于原生界面强度；而到后期，水泥水化反应充分，新生界面的强度远远高于原生界面的强度，所以不同龄期再生砂浆的抗压强度变化规律会有差别。同时，再生骨料表面粗糙，界面咬合能力强，在经过破碎时产生大量的微裂缝，较普通砂浆吸水率高，可以吸收大量水分，在砂浆硬化反应过程中释放大量水分加强水泥水化反应，增强了再生砂浆的抗压强度。在以上两种因素的作用下，不同强度等级再生砂浆随再生细骨料掺量改变抗压强度变化规律不同。

6.4 废弃混凝土细骨料对再生砂浆抗冻性能的影响

北方地区冬季寒冷且漫长，砂浆受环境影响及冻融腐蚀的危害，严重影响建筑物的安全性和耐久性。冻融循环试验中，以强度损失率和质量损失率作为抗冻性能好坏的重要指标。本试验依然选取废弃混凝土再生细骨料掺量 50% 进行混凝土细骨料再生砂浆冻融试验，测定其质量损失率和强度损失率。

本试验仍以冻融循环 60 次，取各循环冷冻过程混凝土再生细骨料砂浆最大应变量，分别计算强度损失率和质量损失率。

用 M5、M7.5、M10、M15 废弃混凝土再生细骨料砂浆进行冻融循环试验，其抗压强度变化规律如表 6-2、图 6-8 所示。

表 6-2　废弃混凝土再生细骨料砂浆冻融循环后抗压强度值

强度等级	不同冻融循环次数抗压强度（MPa）				
	0 次	5 次	20 次	40 次	60 次
M5	5.2	5.0	4.5	4.2	4.0
M7.5	9.0	8.8	8.2	7.6	7.3
M10	10.9	10.7	10.2	9.8	9.4
M15	18.2	18.1	17.7	17.2	16.7

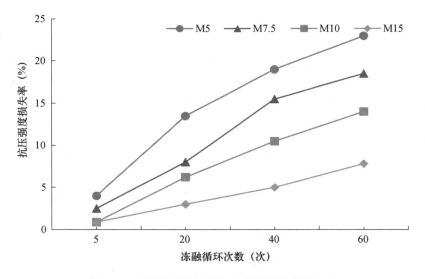

图 6-8　不同强度等级再生砂浆抗压强度损失率

由表 6-2 及图 6-8 可见，当冻融循环 5 次时，M5、M7.5、M10、M15 四种废弃混凝土再生细骨料制备的砂浆抗压强度降低范围是 0.5％～3.8％；当冻融循环 20 次时，M5、M7.5、M10、M15 再生砂浆强度降低范围是 2.7％～8.9％；当冻融循环 40 次时，四种再生细骨料砂浆抗压强度降低范围是 5.5％～19.2％；当冻融循环 60 次时，M5、M7.5、M10、M15 四种再生砂浆抗压强度降低范围为 8.2％～23％。冻融循环过程中最大抗压强度损失率为 23％，满足规范抗压强度损失率不大于 25％的要求，抗冻性能良好。由图 6-8 可以直观地看出，冻融循环后再生砂浆抗压强度损失率随着砂浆强度等级的增大而降低。也就是说，随着水泥用量的增加，经过冻融循环作用废弃混凝土再生细骨料砂浆抗压强度损失率逐渐降低。长期处于冻融环境的建筑物，以选用高强度等级的砂浆为宜。

用 M5、M7.5、M10、M15 四种强度等级再生砂浆进行冻融循环后质量损失变化情况如表 6-3 所示。

表 6-3　废弃混凝土再生细骨料砂浆冻融循环试块质量变化对应值

强度等级	不同冻融循环次数质量对应值（g）				
	0 次	5 次	20 次	40 次	60 次
M5	745	735	720	720	710
M7.5	760	750	742	735	732
M10	775	770	760	760	750
M15	790	784	778	773	773

由表 6-3 及图 6-9 可见，砂浆强度等级越高质量损失率越小，即随着水泥用量的增加，废弃混凝土再生细骨料砂浆冻融循环后质量损失率逐渐降低。当冻融循环 5 次时，M5、M7.5、M10、M15 四种废弃混凝土再生细骨料制备的砂浆质量损失率范围是 0.6％～1.3％；当冻融循环 20 次时，M5、M7.5、M10、M15 再生砂浆质量损失率范围是 1.5％～3.4％；当冻融循环 40 次时，四种再生砂浆抗压强度降低范围是 2.2％～3.4％；当冻融循环 60 次时，M5、M7.5、M10、M15 四种再生砂浆抗压强度降低范围为 2.2％～4.7％。经过 60 次冻融循环试验后，再生砂浆试块的质量损失率均小于 5％，满足规范质量损失率的要求，抗冻性能合格。影响再生砂浆冻融循环试验的因素：砂浆冻融破坏是一个比较复杂的物理过程。在进行冻融循环试验时，因再生砂浆内部孔隙率大，孔隙中的含有大量的自由水，而这些自由水因外部环境温度快速降低而逐步冻结，引起各种压力，当压力逐渐增大超过砂浆抗压强度时，砂浆内部遭到破坏产生新的细微裂纹。在外部环境温度升高时，砂浆内部自由水融化，新的细微裂纹因毛细管现象而吸收更多水分。冻融过程重复发生时，砂浆内部孔隙及裂纹不断增加增大，经过基础冻融循环，由表及里，砂浆遭到冻融破坏。砂浆内部产生细微裂纹时，细小颗粒也随之流失，造成砂浆试块的质量损失。根据试验数据，再生砂浆强度损失率及质量损失率低随砂浆强度的增加呈递减趋势，这是因为低强度等级的砂浆内部孔隙率较高，一旦受到冻融影响，其内部细纹、裂纹的产生急剧加快，造成强度损失率和质量损失率相对增大。

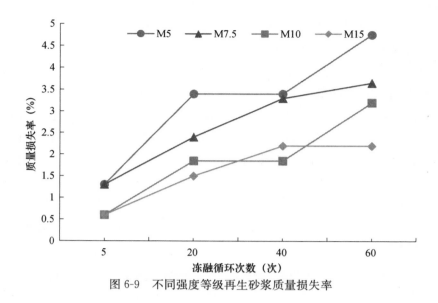

图 6-9　不同强度等级再生砂浆质量损失率

6.5　本章小结

废弃混凝土再生细骨料砂浆稠度相同时，水泥用量增加对再生砂浆用水量的影响不大；混凝土再生细骨料砂浆用水量随着再生骨料掺量的增加而加大。

不同掺量再生骨料砂浆的表观密度均低于普通砂浆，这是因为混凝土再生细骨料的表面包裹着一层硬化的水泥浆体，水泥浆体孔隙率高、密度低，致使废弃混凝土再生细骨料制备的砂浆结构骨架疏松、表观密度低。

与砖骨料对再生砂浆保水率影响不同，随着混凝土再生细骨料掺量的增加，再生砂浆保水率呈现逐渐降低趋势。增加水泥胶凝材料的使用量可以提高废弃混凝土再生细骨料砂浆保水率。

废弃混凝土细骨料掺量的变化对再生砂浆强度的影响并无明显的规律变化。不同体积掺量的混凝土再生细骨料对不同强度等级的再生砂浆各个龄期的强度影响不同。为满足砂浆 28d 抗压强度的要求，M7.5、M15 再生砂浆废混凝土再生细骨料掺量不可超过 80％，而 M5、M10 砂浆混凝土再生细骨料掺量均满足要求。废弃混凝土再生细骨料掺量 50％时，混凝土细骨料再生砂浆进行冻融循环试验结果符合规范要求；强度等级越高，再生砂浆冻融循环后强度损失率和质量损失率越小，抗冻性能越好。

参考文献

[1] 中华人民共和国住房和城乡建设部．砌筑砂浆配合比设计规程：JGJ/T 98—2010［S］．北京：中国建筑工业出版社，2011.

[2] 中华人民共和国住房和城乡建设部．建筑砂浆基本性能试验方法标准：JGJ/T 70—2009［S］．北京：中国建筑工业出版社，2009.

7　建筑垃圾超细粉对再生砂浆基本性能的影响

建筑垃圾超细粉（砖粉和废混凝土粉的混合物）的主要成分有：未水化的水泥颗粒、已水化的水泥石颗粒、砂细粉颗粒、石细粉颗粒和黏土砖中的黏土颗粒等。它具有孔隙率高、表面粗糙、比表面积大、含水率低、具有一定活性且与水泥的黏结较好等特点。本章节选自山东科技大学王申宁的《建筑垃圾超细粉对砌筑砂浆基本性能影响的试验研究》[1]，将建筑垃圾超细粉取代再生砂浆中的水泥或粉煤灰以及将超细砖粉取代再生砂浆中的水泥制备再生砂浆。形成一系列对比试验，研究了超细粉掺量对再生砂浆基本工作性能、力学性能和抗冻性能的影响规律。

7.1　配合比设计

本节以建筑垃圾超细粉对再生砂浆基本性能影响的试验研究为题，将超细砖粉和建筑垃圾超细粉分别取代再生砂浆中相应的成分，设计了以下试验内容：

（1）建筑垃圾超细粉取代普通砂浆中的水泥

将建筑垃圾超细粉按照不同取代率（0%、2.5%、5%、7.5%、10%、12.5%、15%、17.5%、20%）分别取代了三种不同强度等级（M5、M7.5 和 M10）砂浆中的水泥，研究其对砂浆拌和物工作性能（稠度、表观密度和保水性）、力学性能（抗压强度）以及耐久性能（抗冻性能）的影响规律，并对建筑垃圾超细粉取代水泥制备再生砂浆的可行性进行了探索。

（2）超细砖粉取代普通砂浆中的水泥

按照不同取代率（0%、2.5%、5%、7.5%、10%、12.5%、15%、17.5%、20%）单掺超细砖粉取代强度等级为 M10 砂浆中的水泥，与掺建筑垃圾超细粉、强度等级为 M10 的砂浆形成对比，研究它们对再生砂浆拌和物工作性能（稠度、表观密度和保水性）和力学性能（抗压强度）的影响规律之间差别并加以区分，且探索了超细砖粉取代水泥是否存在最佳掺量和最大掺量。

（3）建筑垃圾超细粉取代水泥粉煤灰砂浆中的粉煤灰

将建筑垃圾超细粉按照不同取代率（0%、20%、40%、60%、80%、100%）分别取代了三种不同强度等级（M5、M7.5 和 M10）砂浆中的粉煤灰，研究其对再生砂浆拌和物工作性能（稠度、表观密度和保水性）、力学性能（抗压强度）的影响规律，探索建筑垃圾超细粉取代粉煤灰的可行性，并找出建筑垃圾超细粉的最佳掺量和最大掺量。

7.1.1　试验原材料

试验原材料均严格按照再生砂浆试验规范的相应要求进行原材料性能检测，并且均检测合格。

（1）砂采用优质河砂，且全部通过 4.75mm 的筛分试验，中砂，颗粒级配为连续级配，级配合格，分区属于Ⅱ区，满足试验的使用要求。

（2）水泥采用 Ｐ·Ｏ 32.5 普通硅酸盐水泥，水泥的各项指标符合《通用硅酸盐水泥》（GB 175—2007）和《砌筑水泥》（GB/T 3183—2017）对水泥的技术要求，满足试验的使用要求。

（3）采用Ⅰ级粉煤灰作为再生砂浆掺和料。

（4）建筑垃圾超细粉：先将建筑垃圾经过人工分拣、机械破碎等程序进行预处理，然后通过机械设备将预处理的建筑垃圾进一步破碎、研磨、筛选，得到的粒径小于 75μm 的颗粒称为建筑垃圾超细粉。建筑垃圾超细粉的松散堆积密度较小，如果经过振实，堆积密度会有所提高，吸水率较高，标准稠度用水量大。其主要成分有：未水化的水泥颗粒、已水化的水泥石颗粒、砂细粉颗粒、石细粉颗粒和黏土砖中的烧结黏土砖颗粒等。其中烧结黏土砖颗粒具有较强的活性，所以本课题将其单独归类研究。

（5）超细砖粉：将废旧砖瓦块进行破碎、研磨、筛选，得到的粒径小于 75μm 的颗粒称为超细砖粉，超细砖粉也属于建筑垃圾超细粉。超细砖粉具有活性大、表面粗糙、比表面积大、吸水性强等特点。

建筑垃圾超细粉的颗粒粒径较小，而且还含有一定量的活性物质。如果将其取代部分胶凝材料掺入再生砂浆中，可以发挥其特定的填充效应及活性效应，有助于提高再生砂浆的后期强度。

7.1.2　基准配合比设计

按规范《砌筑砂浆配合比设计规程》（JGJ/T 98—2010）的基本要求，再生砂浆的稠度一般需要控制在 70~90mm。所以，本试验通过适当调整用水量，将稠度控制在（80±10）mm。同时设计了普通水泥砂浆和水泥粉煤灰再生砂浆的基准配合比，见表 7-1、表 7-2。

表 7-1　普通水泥砂浆的基准配合比　　　　　　　kg/m³

项目	砂子	水泥	水
M5	1506	215	300
M7.5	1506	245	300
M10	1506	270	300

注：用水量根据稠度要求进行调整。

表 7-2　水泥粉煤灰再生砂浆的基准配合比　　　　　　　　　kg/m³

项目	砂子	水泥	粉煤灰	水
M5	1506	184	46	300
M7.5	1506	208	52	300
M10	1506	232	58	300

注：用水量根据稠度要求进行调整。

7.1.3　试验配合比设计

在基准配合比的基础上，其他原材料用量不变，只对水泥或粉煤灰用量按照取代率进行调整，得到最终各材料的使用量。采取的取代方法及取代率为：①建筑垃圾超细粉取代水泥砂浆中的部分水泥：0%、2.5%、5%、7.5%、10%、12.5%、15%、17.5%、20%；②超细砖粉取代水泥砂浆中的部分水泥：0%、2.5%、5%、7.5%、10%、12.5%、15%、17.5%、20%；③建筑垃圾超细粉取代水泥粉煤灰再生砂浆中的部分粉煤灰：0%、20%、40%、60%、80%、100%。

（1）建筑垃圾超细粉取代水泥的普通水泥砂浆配合比，见表 7-3 至表 7-5。

表 7-3　建筑垃圾超细粉取代水泥的 M5 普通水泥砂浆配合比　　　kg/m³

取代率	砂子	水泥	建筑垃圾超细粉	水
0%	1506	215	0	300
2.5%	1506	209.63	5.38	300
5%	1506	204.25	10.75	300
7.5%	1506	198.88	16.13	300
10%	1506	193.5	21.5	300
12.5%	1506	188.13	26.88	300
15%	1506	182.75	32.25	300
17.5%	1506	177.38	37.63	300
20%	1506	172	43	300

表 7-4　建筑垃圾超细粉取代水泥的 M7.5 普通水泥砂浆配合比　　　kg/m³

取代率	砂子	水泥	建筑垃圾超细粉	水
0%	1506	245	0	300
2.5%	1506	238.88	6.13	300
5%	1506	232.75	12.25	300
7.5%	1506	226.63	18.38	300
10%	1506	220.5	24.5	300
12.5%	1506	214.38	30.63	300
15%	1506	208.25	36.75	300
17.5%	1506	202.13	42.88	300
20%	1506	196	49	300

表 7-5　建筑垃圾超细粉取代水泥的 M10 普通水泥砂浆配合比　　　kg/m³

取代率	砂子	水泥	建筑垃圾超细粉	水
0%	1506	270	0	300
2.5%	1506	263.25	6.75	300
5%	1506	256.5	13.5	300
7.5%	1506	249.75	20.25	300
10%	1506	243	27	300
12.5%	1506	236.25	33.75	300
15%	1506	229.5	40.5	300
17.5%	1506	222.75	47.25	300
20%	1506	216	54	300

（2）超细砖粉取代水泥的 M10 普通水泥砂浆配合比与表 7-5 同（建筑垃圾超细粉替换为超细砖粉）。

（3）建筑垃圾超细粉取代水泥粉煤灰再生砂浆中的粉煤灰配合比见表 7-6 至表 7-8。

表 7-6　建筑垃圾超细粉取代粉煤灰的 M5 水泥粉煤灰再生砂浆配合比　　　kg/m³

取代率	砂子	水泥	粉煤灰	建筑垃圾超细粉	水
0%	1506	184	46	0	300
20%	1506	184	36.8	9.2	300
40%	1506	184	27.6	18.4	300
60%	1506	184	18.4	27.6	300
80%	1506	184	9.2	36.8	300
100%	1506	184	0	46	300

表 7-7　建筑垃圾超细粉取代粉煤灰的 M7.5 水泥粉煤灰再生砂浆配合比　　　kg/m³

取代率	砂子	水泥	粉煤灰	建筑垃圾超细粉	水
0%	1506	184	52	0	300
20%	1506	184	41.6	10.4	300
40%	1506	184	31.2	20.8	300
60%	1506	184	20.8	31.2	300
80%	1506	184	10.4	41.6	300
100%	1506	184	0	52	R300

表 7-8　建筑垃圾超细粉取代粉煤灰的 M10 水泥粉煤灰再生砂浆配合比　　　kg/m³

取代率	砂子	水泥	粉煤灰	建筑垃圾超细粉	水
0%	1506	184	58	0	300
20%	1506	184	46.4	11.6	300
40%	1506	184	34.8	23.2	300

续表

取代率	砂子	水泥	粉煤灰	建筑垃圾超细粉	水
60%	1506	184	23.2	34.8	300
80%	1506	184	11.6	46.4	300
100%	1506	184	0	58	300

7.2　建筑垃圾超细粉对再生砂浆工作性能的影响

新拌砂浆的基本性能主要指和易性，是指在搅拌运输和施工过程中不易产生分层、析水现象，并且易于在粗糙的砖、石等表面上铺成均匀薄层的综合性能。

再生砂浆应具有良好的和易性（包括流动性和保水性两个方面），它对再生砂浆拌和物是否方便进行施工操作，能否维持质量均匀起到非常关键的作用。通常用流动性和保水性两项指标来表示再生砂浆的和易性。再生砂浆的流动性实质上反映了再生砂浆的稠度。

由于建筑垃圾超细粉的吸水率与水泥不同，因此对于建筑垃圾超细粉掺量不同的再生砂浆，通过调整用水量控制再生砂浆稠度。在保证再生砂浆稠度（70～90mm）的条件下，本小节主要研究了建筑垃圾超细粉对再生砂浆基本工作性能的影响，即再生砂浆的用水量、保水率及表观密度的变化规律。

7.2.1　建筑垃圾超细粉对再生砂浆用水量的影响

根据不同的取代方法，控制再生砂浆稠度在80mm左右，再生砂浆的用水量相应发生变化，建筑垃圾超细粉取代水泥砂浆中的部分水泥、超细砖粉取代水泥砂浆中的部分水泥，以及建筑垃圾超细粉取代水泥粉煤灰再生砂浆中的部分粉煤灰的试验结果分别见表7-9至表7-11以及图7-1至图7-3。

表7-9　建筑垃圾超细粉取代水泥后的再生砂浆用水量及稠度值

取代率	M5		M7.5		M10	
	用水量（kg）	稠度（mm）	用水量（kg）	稠度（mm）	用水量（kg）	稠度（mm）
0%	310	79	312	79	315	80
2.5%	310	80	312	81	315	81
5%	310	78	312	80	315	79
7.5%	310	80	312	82	316	80
10%	310	79	313	80	316	81
12.5%	310	80	313	79	317	80
15%	310	80	313	78	316	80
17.5%	311	81	313	80	316	82
20%	311	80	315	80	318	79

表 7-10　超细砖粉取代水泥后的 M10 再生砂浆用水量及稠度值

取代率		0%	2.5%	5%	7.5%	10%	12.5%	15%	17.5%	20%
ZF	用水量（kg）	316	320	320	322	323	325	325	326	327
	稠度（mm）	78	79	81	81	81	78	80	79	81

注：ZF 代表超细砖粉。

表 7-11　建筑垃圾超细粉取代粉煤灰后的再生砂浆用水量及稠度值

取代率		0%	20%	40%	60%	80%	100%
FM5	用水量（kg）	315	316	316	316	315	316
	稠度（mm）	80	80	79	80	80	80
FM7.5	用水量（kg）	316	317	318	317	318	318
	稠度（mm）	78	79	81	81	81	81
FM10	用水量（kg）	317	319	319	319	320	321
	稠度（mm）	79	80	80	80	79	81

注：FM 代表水泥粉煤灰再生砂浆。

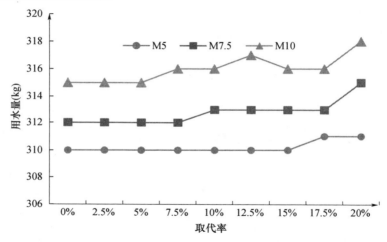

图 7-1　建筑垃圾超细粉取代水泥后的再生砂浆用水量变化趋势

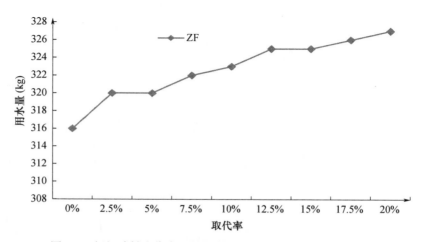

图 7-2　超细砖粉取代水泥后的 M10 再生砂浆用水量变化趋势

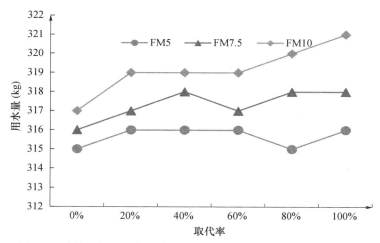

图 7-3 建筑垃圾超细粉取代粉煤灰后的再生砂浆用水量变化趋势

由图 7-1 可知，建筑垃圾超细粉取代水泥后，不同强度再生砂浆的用水量均表现出随建筑垃圾超细粉的用量增加而缓慢增加的现象。这是由于建筑垃圾超细粉空隙率高（外漏空隙、连通空隙及闭合孔隙）、几何形状不规则、比表面积大且表面粗糙（多棱角所致）导致超细粉对水的吸附能力更强。除此之外，建筑垃圾超细粉中还含有少量吸水率更大的超细砖粉成分，这又进一步增加了再生砂浆的用水量。而不同强度等级的三种再生砂浆，基本呈现强度越大用水量增加越多的趋势，这是因为强度越大所取代的胶凝材料的量也越多，吸水率大的物质占比越大所致。由图 7-1 还可以看出，再生砂浆在建筑垃圾超细粉最大掺量时，用水量最大增幅不到 1%，所增加的用水量约为 3kg/m³。所增加的用水量较小，可忽略不计，由此可知，建筑垃圾超细粉比水泥吸水率略大，这与建筑结构中砖与其他建筑材料的比例、制作工艺、使用的环境条件、年代、地区等条件有关。

从图 7-2 中可以看出，超细砖粉取代率对再生砂浆用水量的影响比较大，其取代率的增大会使再生砂浆用水量明显增加，以保证相同的稠度。其中的原因在于：超细砖粉的表面多棱角、粗糙多孔且内摩擦阻力较大，同等条件下，要保证相同的流动性，要增加用水量。再者，因为旧砖的孔隙率较高，其吸水量增加使参与水化和流动的自由水相对减少。与水泥进行比较，超细砖粉粒径更小、比表面积更大，颗粒表面的包裹性水分更多，因而超细砖粉对水的需求量更大。根据以上所述，只有适当增加再生砂浆的用水量，才可以保证再生砂浆的稠度合理。最大取代率时，用水量增幅近 3.5%，增加 11kg/m³，且用水量与取代率成正比例关系。增幅比建筑垃圾超细粉多 2.5%，用水量多出 9kg/m³，由此可知超细砖粉的吸水率比建筑垃圾超细粉大，且大于水泥，所增加的用水量不可忽略。

从图 7-3 中可以看出，建筑垃圾超细粉替代粉煤灰后，再生砂浆的用水量逐渐增加，且强度越大的再生砂浆用水量增加得越明显。刘数华等[2]研究表明，粉煤灰是光滑的球状颗粒，在水泥浆中能起到滚珠润滑作用，能够降低用水量。而建筑垃圾超细粉能够增加再生砂浆的用水量，因此，用需水量大的建筑垃圾超细粉取代起减水作用的粉煤灰必然增加再生砂浆用水量。

7.2.2 建筑垃圾超细粉对再生砂浆保水率的影响

再生砂浆的保水性是指再生砂浆在运输、待用及砌筑时保持相当质量的能力。保水性对再生砂浆的质量影响很大。砌筑再生砂浆时，砌体砌块能吸收一部分水分，对于保水性好的再生砂浆，被吸收的水分在一定范围内时，对于灰缝中的再生砂浆的强度和密度具有良好的影响。但是如果再生砂浆的保水性较差，新铺在砌体上面的再生砂浆中的水分很快被吸收，就会使再生砂浆难以抹平抹匀，同时缺少水分的再生砂浆不能进行正常的硬化反应，就会使砌体的强度大为降低。因此再生砂浆应具有足够的保水性，再生砂浆的保水性以保水率来表示。建筑垃圾超细粉取代水泥砂浆中的部分水泥、超细砖粉取代水泥砂浆中的部分水泥以及建筑垃圾超细粉取代水泥粉煤灰再生砂浆中的部分粉煤灰的试验结果分别见表 7-12 至表 7-14 以及图 7-4 至图 7-6。

表 7-12　建筑垃圾超细粉取代水泥后再生砂浆保水率

取代率	0%	2.5%	5%	7.5%	10%	12.5%	15%	17.5%	20%
M5	83.8	85.4	84.3	85.3	85.4	85.7	86.2	86.1	84.3
M7.5	84.1	84.4	85.7	86.2	85.2	85.7	87.8	86.6	86.1
M10	85.9	85.9	87.0	88.5	87.3	88.5	88.3	87.6	87.1

表 7-13　超细砖粉取代水泥砂浆中的部分水泥后的再生砂浆保水率

取代率	0%	2.5%	5%	7.5%	10%	12.5%	15%	17.5%	20%
ZF	84.9	86.6	85.5	85.5	86.4	87.7	88.9	87.3	87.6

注：ZF 代表超细砖粉。

表 7-14　建筑垃圾超细粉取代粉煤灰后的再生砂浆保水率

取代率	0%	20%	40%	60%	80%	100%
FM5	86.3	84.4	85.1	86.3	85	87.1
FM7.5	86.9	85.6	86	87.6	86.3	87.3
FM10	86.9	87.4	86.6	88.8	86.5	88.1

注：FM 代表水泥粉煤灰再生砂浆。

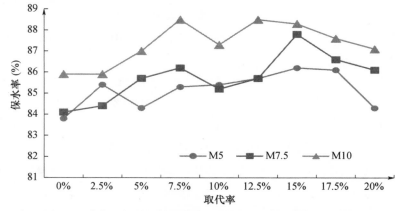

图 7-4　建筑垃圾超细粉取代水泥后再生砂浆保水率变化趋势

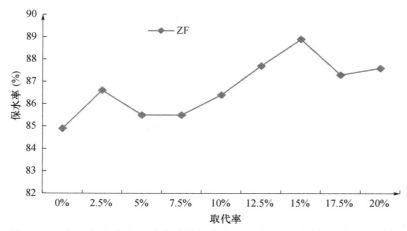

图 7-5　超细砖粉取代水泥砂浆中的部分水泥后的再生砂浆保水率变化趋势

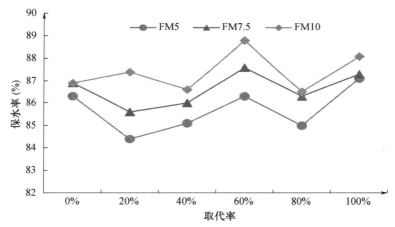

图 7-6　建筑垃圾超细粉取代粉煤灰后的再生砂浆保水率变化趋势

　　由图 7-4 和图 7-5 可以看出，无论是建筑垃圾超细粉还是纯的超细砖粉均能不同程度地改善再生砂浆的保水性。而且与超细粉的取代率，呈现出一种先增大后减小的关系，最佳取代率约为 15%，此时再生砂浆的保水性最佳，并且再生砂浆的强度越大，保水性也会越好。分析可知，因为少量的超细粉掺入再生砂浆中取代部分水泥制备出的再生砂浆，可以看作是不同粒径大小的颗粒堆积在一起。分析可知，掺有超细粉的再生砂浆可以看作大小不同的颗粒堆积在一起。细骨料之间的间隙由水泥颗粒来填充，水泥颗粒之间的间隙由更细的那部分超细粉颗粒来填充。这一部分超细粉可以起到微骨料填充骨架的作用，因而改善了再生砂浆的孔结构，大大减小了孔隙率和孔径尺寸，使再生砂浆的颗粒级配更合理。除此之外，超细粉能与水泥和水结合形成柔软的浆体，增加浆体数量，从而改善再生砂浆的保水性。超细粉掺量在 15% 左右时，颗粒组合最为合理，此时保水性最佳。

　　由图 7-6 可以看出，建筑垃圾超细粉取代粉煤灰后，对水泥粉煤灰再生砂浆的保水性的影响不大，随着取代率的增加只有少许增加的趋势。尽管粉煤灰颗粒的粒径略大，但粉煤灰与建筑垃圾超细粉的颗粒级配相差很小。由此造成的影响，因为更加光滑的表面，与水膜接触更加充分而得到补充。这说明掺加两种微粉再生砂浆的保水能力基本不变。

7.2.3 建筑垃圾超细粉对再生砂浆表观密度的影响

建筑垃圾超细粉取代水泥再生砂浆中的部分水泥、超细砖粉取代水泥砂浆中的部分水泥，以及建筑垃圾超细粉取代水泥粉煤灰再生砂浆中的部分粉煤灰的试验结果分别见表 7-15 至表 7-17。

表 7-15 建筑垃圾超细粉取代水泥后再生砂浆的表观密度 kg/cm³

取代率	0%	2.5%	5%	7.5%	10%	12.5%	15%	17.5%	20%
M5	2060	2050	2060	2060	2060	2060	2060	2060	2060
M7.5	2060	2060	2060	2070	2070	2070	2060	2060	2070
M10	2070	2070	2060	2070	2060	2060	2070	2060	2070

表 7-16 超细砖粉取代水泥后再生砂浆的表观密度 kg/cm³

取代率	0%	2.5%	5%	7.5%	10%	12.5%	15%	17.5%	20%
M5	2060	2050	2060	2050	2060	2060	2060	2050	2060
M7.5	2060	2060	2060	2070	2070	2070	2060	2060	2070
M10	2070	2070	2060	2070	2060	2060	2070	2060	2060

表 7-17 建筑垃圾超细粉取代粉煤灰后再生砂浆的表观密度 kg/cm³

取代率	0%	20%	40%	60%	80%	100%
FM5	2040	2040	2040	2040	2050	2050
FM7.5	2040	2040	2040	2050	2040	2050
FM10	2040	2040	2040	2050	2040	2050

注：FM 代表水泥粉煤再生砂浆。

由表 7-15 至表 7-17 能够看出，由于建筑垃圾超细粉、超细砖粉、粉煤灰还有水泥的物理性质相近，所以无论是建筑垃圾超细粉还是超细砖粉取代水泥或者粉煤灰后，再生砂浆的表观密度相差均介于 ±10kg/m³ 之间，误差在 0.5% 以内，这种影响可以忽略不计。深究其原因，一方面由于建筑垃圾超细粉粒径更小，能够起到填充作用和增加再生砂浆浆体密实度的作用，这部分作用可以增加再生砂浆的表观密度；而另一方面由于取代的成分是与之性能相差不大的水泥或者粉煤灰，再加上取代率不大。建筑垃圾超细粉或者超细砖粉的掺入不会增加再生砂浆的堆积容度，也不会降低其堆积容度。

7.3 建筑垃圾超细粉对再生砂浆基本力学性能的影响

本节分析了建筑垃圾超细粉取代再生砂浆中的水泥或粉煤灰后，不同强度等级、不同龄期再生砂浆的力学性能的影响规律及影响因素。

7.3.1 建筑垃圾超细粉取代普通水泥砂浆中的部分水泥

建筑垃圾超细粉按相应取代率取代强度等级为 M5、M7.5、M10 水泥砂浆中的水泥后的再生砂浆强度试验结果见表 7-18 至表 7-20 以及图 7-7 至图 7-9。

表 7-18　建筑垃圾超细粉取代水泥后 M5 再生砂浆的抗压强度值　　　　MPa

取代率	龄期									
	3d		7d		28d		56d		90d	
0%	2.1		3.7		6.6		7.7		9.3	
	2.3	2.2	3.7	3.6	6.7	6.5	7.9	7.8	9.3	9.2
	2.2		3.4		6.2		7.7		9.0	
2.5%	2.3		3.6		7.1		8.6		9.4	
	2.4	2.3	3.6	3.7	7.0	7.2	8.6	8.5	9.4	9.5
	2.1		3.8		7.3		8.4		9.7	
5%	2.3		3.5		6.5		8.3		9.3	
	2.2	2.3	3.5	3.6	6.3	6.4	8.3	8.2	9.2	9.3
	2.4		3.8		6.4		8.1		9.3	
7.5%	2.2		3.6		6.3		8.1		9.1	
	2.2	2.2	3.5	3.5	6.3	6.3	8.3	8.3	9.1	9.2
	2.2		3.4		6.3		8.1		9.3	
10%	2.0		3.8		6.4		8.3		9.3	
	2.1	2.2	3.8	3.8	6.6	6.6	8.3	8.2	9.4	9.4
	2.3		3.7		6.8		8.0		9.5	
12.5%	1.6		3.3		6.1		7.8		8.8	
	1.7	1.8	3.2	3.2	6.1	6.2	7.8	7.7	8.9	8.9
	1.9		3.1		6.3		7.6		8.9	
15%	1.6		3				7		8.1	
	1.5	1.6	3.1	3.0	5.6	5.6	7.1	7.0	8.1	8.0
	1.7		2.8		5.9		6.8		7.8	
17.5%	1.4		2.4		5.0		6.6		7.8	
	1.2	1.4	2.3	2.4	5.1	5.0	6.5	6.6	7.7	7.8
	1.6		2.5		5.0		6.6		7.9	
20%	1.4		2.2		5.0		6.1		7.2	
	1.3	1.3	2.2	2.3	5.1	5.0	6.0	6.2	7.3	7.4
	1.2		2.5		4.8		6.4		7.3	

表 7-19　建筑垃圾超细粉取代水泥后 **M7.5 再生砂浆的抗压强度值**　　MPa

取代率	龄期									
	3d		7d		28d		56d		90d	
0%	3.0	3.1	4.4	4.6	9.5	9.6	10.1	10.2	11.9	11.8
	3.1		4.7		9.5		10.1		11.8	
	3.2		4.5		9.8		10.3		11.8	
2.5%	3.3	3.2	4.6	4.7	9.8	9.7	10.3	10.4	11.9	11.9
	3.3		4.8		9.7		10.6		11.8	
	3.0		4.8		9.5		10.4		11.9	
5%	2.9	3.1	4.5	4.5	9.5	9.5	10.1	10.2	11.4	11.5
	3.2		4.5		9.5		10.3		11.5	
	3.0		4.5		9.6		10.2		11.5	
7.5%	3.0	3.0	4.3	4.4	9.4	9.4	9.9	10.0	11.5	11.4
	3.0		4.3		9.3		9.9		11.2	
	2.9		4.5		9.6		10.1		11.6	
10%	2.8	2.9	4.2	4.3	9.0	9.2	10.2	10.1	11.3	11.3
	2.9		4.3		9.2		10.0		11.3	
	2.9		4.3		9.4		10.0		11.2	
12.5%	2.5	2.6	4.2	4.1	8.9	8.8	9.4	9.2	10.1	10.2
	2.4		4.1		8.7		9.1		10.1	
	2.7		4.0		8.8		9.1		10.3	
15%	2.2	2.3	3.7	3.6	9.3	8.3	8.6	8.8	9.6	9.8
	2.3		3.5		8.2		8.9		9.9	
	2.5		3.6		8.3		8.8		9.8	
17.5%	2.3	2.3	3.2	3.2	7.6	7.6	8.0	8.1	9.4	9.5
	2.5		3.1		7.5		8.2		9.5	
	2.1		3.3		7.6		8.0		9.7	
20%	2.3	2.2	3.3	3.0	7.0	7.1	7.7	7.5	8.3	8.3
	2.2		3.0		7.0		7.2		8.6	
	2.2		2.8		7.2		7.5		8.2	

表 7-20　建筑垃圾超细粉取代水泥后 **M10 再生砂浆的抗压强度值**　　MPa

取代率	龄期									
	3d		7d		28d		56d		90d	
0%	3.6	3.6	6.2	6.3	12.2	12.3	13.1	13.4	14.5	14.4
	3.5		6.2		12.2		13.5		14.6	
	3.7		6.4		12.5		13.4		14.2	

续表

取代率	龄期									
	3d		7d		28d		56d		90d	
2.5%	3.7		6.3		12.5		14.0		14.7	
	3.7	3.7	6.3	6.5	12.5	12.4	14.2	14	14.7	14.8
	3.6		6.7		12.3		13.9		14.9	
5%	3.5		6.3		12.2		13.5		14.5	
	3.5	3.6	6.3	6.2	12.5	12.4	13.4	13.5	14.2	14.5
	3.8		6.1		12.5		13.6		14.7	
7.5%	3.3		6.0		12.3		13.1		14.6	
	3.3	3.5	6.0	6.1	12.3	12.2	13.3	13.2	14.2	14.3
	3.6		6.2		12.1		13.3		14.2	
10%	3.6		5.9		12.0		12.8		13.8	
	3.4	3.5	6.1	6.0	12.0	12.1	12.8	12.9	14.2	14.0
	3.5		5.9		12.2		13.0		14.1	
12.5%	2.8		5.2		11.8		12.6		13.7	
	2.9	3.0	5.2	5.3	11.6	11.7	12.5	12.6	13.8	13.7
	3.2		5.4		11.7		12.7		13.6	
15%	2.9		5.6		11.1		12.3		13.5	
	2.8	2.9	5.6	5.4	11.4	11.2	12.3	12.2	13.2	13.3
	3.1		5.3		11.0		12.0		13.3	
17.5%	2.8		4.4		10.8		11.9		13.1	
	2.9	2.8	4.5	4.6	11.2	11.0	12.6	11.7	13.0	13.0
	2.6		4.9		11.0		11.7		13.0	
20%	2.4		4.0		10.8		11.0		12.2	
	2.3	2.4	4.3	4.2	10.7	10.7	11.3	11.2	12.5	12.4
	2.5		4.3		10.7		11.3		12.5	

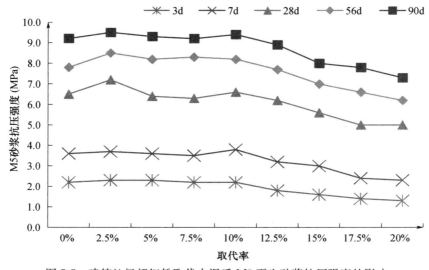

图 7-7 建筑垃圾超细粉取代水泥后 M5 再生砂浆抗压强度的影响

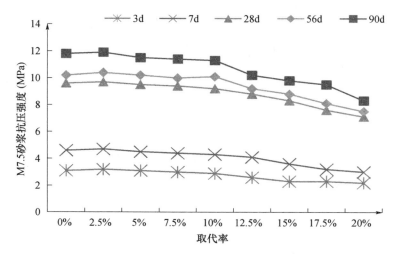

图 7-8　建筑垃圾超细粉取代水泥后 M7.5 再生砂浆抗压强度的影响

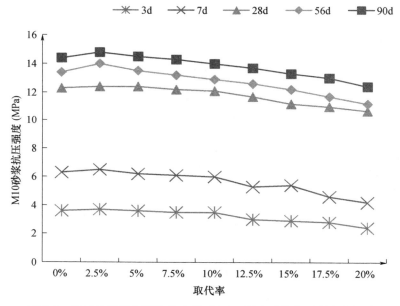

图 7-9　建筑垃圾超细粉取代水泥后 M10 再生砂浆抗压强度的影响

由图 7-7 至图 7-9 中所反映的规律分析可知，对于三种不同强度的再生砂浆，随着取代率的逐渐增加，不同龄期、不同强度等级的再生砂浆均呈现逐渐降低的趋势。取代率较小时，降低不明显或者基本不降低，而取代率超过 10％后下降得较为明显。取代水泥后，建筑垃圾超细粉也可以看作再生砂浆的胶凝成分。水泥具有很强的独立水硬性，而且建筑垃圾超细粉也具有一定的火山灰活性，因为它含有一定量的未水化的水泥及砖瓦中的其他活性物质，持续水化对再生砂浆的强度起到一定的加强作用；并且建筑垃圾超细粉的颗粒粒径更小，它的少量掺入可以改善再生砂浆内部的颗粒级配，使其更加密实而提高再生砂浆的强度。与此同时，由于建筑垃圾超细粉具有较高的吸水率，在拌和时会吸收更多的水分。后期，在水泥水化过程中，放出的热量会导致形成温度梯度效应，再生砂浆内部的水分会被不同程度地倒吸出来，促进水泥的进一步水化，从而起到内养护的作用[3]。超细粉不但充分发挥了微骨料填充效应，还具有形貌效应等有利于强度发展的作用。相关研究[4]表明，磨细后的建筑垃圾废弃物可以作为掺和料掺入混凝土和再生砂浆中，发挥填充作用和活性作用，因为其中含有一定量的未水化水泥颗粒及一些黏土砖中的玻璃相、无定形物质等材料，所以取代率小于 10%时，建筑垃圾超细粉发挥填充效应、火山灰活性和提高密实度等作用。但随着取代率的进一步提高，超过 10%后，强度下降明显，有的强度下降甚至超过了 10%。显然，这是因为建筑垃圾超细粉的活性要小于水泥，且建筑垃圾超细粉中的活性物质水化后的强度也要小于水泥，并且建筑垃圾超细粉颗粒的掺入改善颗粒级配所提高的密实度对强度的贡献作用也无法弥补丧失的水泥水化强度。另外，建筑垃圾超细粉中的低强度水泥石颗粒、砖瓦颗粒及其他不良成分也会降低再生砂浆的强度。

由试验结果可知，M5、M7.5 及 M10 三种强度再生砂浆掺入建筑垃圾超细粉后，随着取代率的增加导致的下降趋势基本一致。不同强度的再生砂浆，在建筑垃圾超细粉取代率较小，即小于 10%时，再生砂浆的强度下降很少。只有在极个别的情况下，强度下降超出了 5%。由试验结果进一步可以看出，就强度而言，建筑垃圾超细粉取代水泥作为掺和料制备低强度再生砂浆是可行的，但是取代率不宜超过 7.5%～10%。黄天勇[5]、王晓波[4]等指出当再生砂浆稠度维持在 70～90mm 时，将建筑垃圾超细粉取代再生砂浆中的部分水泥，其抗压强度大于基准再生砂浆的强度；若取代粉煤灰，再生砂浆的强度会更大，其中以 11%取代水泥时强度最高。

对于再生砂浆早期强度，3d、7d 强度在取代率不大的前提下，会有所上升，取代率增大后强度下降也不是很大。此时，对于水泥处于水化、硬化过程中的早期强度增长期，水泥水化强度的增长起到了主要作用。而且此时建筑垃圾超细粉中含有的硬化水泥石成分在水泥水化过程中能起到晶核作用，也加速了水泥凝结速度。因此试验组试块的早期强度比基准配合比下的试块强度有所增长。28d 后水泥的水化程度趋于稳定，再生砂浆强度的增长也趋于稳定。对于再生砂浆的后期强度而言，56d 及 90d 强度，在取代率不大时也有所增大，但随着取代率的增大再生砂浆强度下降较为明显。因为建筑垃圾超细粉具有火山灰活性，在取代率不大时，这种特性有利于促进再生砂浆后期强度的发展。而取代率较大时，建筑垃圾超细粉中的低强度水泥石颗粒、砖瓦颗粒及其他孔隙率高且强度低的成分会明显降低再生砂浆的强度，而且此时水泥水化基本完成，建筑垃圾超细粉中的活性物质也不再起强化作用，无活性的成分增多显然会降低强度。另外，当建筑垃圾超细粉的掺量超过一定量时，过多的细小颗粒使再生砂浆的级配变得越来越不合理，成为一种密实的悬浮结构。这使掺入建筑垃圾超细粉后，有不利于再生砂浆力学性能的因素产生。

本小节得到以下结论：

（1）建筑垃圾超细粉可用于生产、制备再生砂浆，但掺量不宜过大，建议将建筑垃圾超细粉掺量控制在 10%以内。

（2）建筑垃圾超细粉可以提高再生砂浆的早期强度，因为在水泥水化过程中，建筑垃圾超细粉中所含有的硬化水泥石成分能起到晶核的作用，以加速水泥的水化；除此之外，它还具有一定火山灰活性。

（3）建筑垃圾超细粉颗粒较小，能填充再生砂浆中的颗粒间隙，达到水泥颗粒所不能达到的密实度，有效发挥填充效应，从而提高再生砂浆的强度；除此之外，建筑垃圾超细粉中空隙吸水后变为内部"蓄水池"，在水泥水化时，能有效地发挥内养护作用。

7.3.2 超细砖粉取代普通水泥砂浆中的部分水泥

黏土砖或黏土瓦片经破碎、研磨可以得到超细砖粉。其中含有大量烧结黏土颗粒，所以具有潜在的活性，且细度越大，潜在活性也相应越大。也有研究[6]表明，磨细的废砖粉具有一定的潜在活性，并且活性随粒径的减小而增大。年代、地域、工艺方法及建筑形式不同的建筑物所使用的建筑材料是有差别的，砖混结构使用砖较多，混合结构混凝土用量大。因此建筑垃圾超细粉的成分比较复杂，而且所占比率也不同，但主要的差别在于黏土砖成分的含量。为弄清楚黏土砖的成分含量对建筑垃圾超细粉的影响，以及超细砖粉对再生砂浆强度的影响、是否存在最佳掺量等问题，本课题采用了与建筑垃圾超细粉相同粒径的超细砖粉，设计了一组对比试验，再生砂浆强度采用 M10，且两种超细粉粒径均小于 $75\mu m$，使其尽可能地发挥出其具有的活性作用，增加水化后的强度。超细砖粉取代水泥与建筑垃圾超细粉取代水泥后再生砂浆强度的试验结果见表 7-21 及图 7-10。

表 7-21 超细砖粉取代水泥后 M10 再生砂浆的抗压强度值 MPa

取代率	龄期					
	3d		7d		28d	
0%	3.8	3.8	6.2	6.4	12.2	12.4
	3.8		6.6		12.2	
	3.8		6.4		12.8	
2.5%	4.2	4.1	6.5	6.5	12.7	12.7
	4.2		6.7		12.6	
	3.8		6.4		12.8	
5%	4.2	4.3	6.8	6.9	12.9	12.8
	4.2		7.1		12.9	
	4.5		6.9		12.6	
7.5%	4.6	4.7	6.9	6.8	12.8	12.9
	4.5		6.7		12.7	
	4.9		6.8		13.3	
10%	4.6	4.7	6.9	6.9	12.6	12.4
	4.8		6.9		12.3	
	4.6		6.8		12.2	

续表

取代率	龄期					
	3d		7d		28d	
12.5%	4.3	4.2	6.0	6.0	12.2	12.2
	4.1		6.0		12.3	
	4.2		6.0		12.1	
15%	4.2	4.2	6.2	6.1	11.2	11.4
	4.2		6.1		11.3	
	4.2		6.0		11.6	
17.5%	3.6	3.5	5.7	5.6	10.3	10.4
	3.6		5.5		10.5	
	3.3		5.5		10.4	
20%	3.3	3.4	5.3	5.2	10.6	10.6
	3.3		5.1		10.6	
	3.6		5.1		10.9	

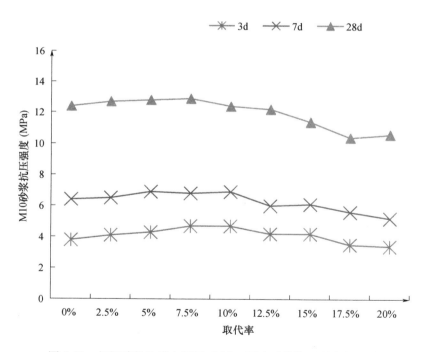

图 7-10　超细砖粉取代水泥后对 M10 再生砂浆抗压强度的影响

由图 7-10 可得，超细砖粉取代率增大时，再生砂浆强度表现出先增加后降低的趋势，这表明存在最佳掺量。试验发现，取代率为 10% 左右时，强度达到最大。此时，3d 强度增加超过 20%，7d 强度增加 7.8%，28d 强度也不减小。这说明超细砖粉能增加再生砂浆的早期强度，而且取代率在 10% 以内时，能增加再生砂浆的强度。而建筑垃圾超细粉再生砂浆的强度，则表现为缓慢降低的趋势。这说明超细砖粉的活性要比建筑垃圾超细粉大，而且超细砖粉能够充分发挥其微骨料填充效应及其较强的活性效应，取代率较低时，它的这部分作用较强，所以会使再生砂浆强度增强。较建筑垃圾超细粉而言，超细砖粉具有更大的活性，因为废旧砖瓦经过机械破碎、研磨等加工工艺成为超细粉颗粒的过程中，颗粒的粒度减小、比表面积增大而且表面自由能变大，超细砖粉的活性更易被激发。在此过程中，超细粉不断进行热摩擦，导致微细小砖石颗粒的晶格畸变、活性点增多，最终出现硅和铝的活性氧化物，这些活性氧化物能与水泥水化产物中的 $Ca(OH)_2$ 发生化合反应，发生二次水化反应，生成较为复杂的化合物——水化硅酸钙及水化铝酸钙。在水化初期，上述这些过程都可以促进水泥的水化以生成更多的水化产物，有利于再生砂浆早期强度的发展。超细砖粉的表面特征和填充效应也不容忽视，因为超细砖粉粗糙的表面，与水泥浆界面啮合能力强，能提高超细砖粉与水泥浆界面的黏结性。超强的吸水性，能吸收新拌水泥砂浆中多余的水分，能降低新拌再生砂浆的界面水灰比和有效水灰比，以提高再生砂浆密实度，改善微小颗粒间的界面结构，从而在一定程度上能有效地提高强度。随着取代率的提高，超细砖粉消耗体系中的大量水分，致使再生砂浆的和易性变差甚至劣化，水泥的正常凝结受到一定程度的影响，而且超细砖粉的活性也得不到发挥，因此再生砂浆强度会逐渐下降。但即使降低仍能满足再生砂浆的最低强度要求，因此就再生砂浆强度而言，超细砖粉取代水泥制备再生砂浆是可行的，最佳取代率为 10%，最大取代率为 12.5%，并且其活性作用要比建筑垃圾超细粉强。我们可以得到以下两点结论：

（1）建筑垃圾超细粉的活性小于超细砖粉，而且建筑垃圾超细粉中的超细砖粉成分对其活性也起到助推作用。

（2）就强度而言，超细砖粉取代水泥作为掺和料来制备再生砂浆是可行的。随取代率的增加呈现出先增大后减小的规律，图形为一开口向下的曲线，存在最佳取代率，其值为 10%，建议最大取代率不宜超过 12.5%。

由此可知，超细砖粉与建筑垃圾超细粉相比，具有更强的活性，而且增加再生砂浆强度的效果也更好。然而由于建筑垃圾废弃物中所含的砖瓦成分因地区而异、因年代而异，所以建筑垃圾超细粉的应用应该参考砖瓦成分的含量，这也是下一步要进行研究的课题之一。建议现场应用建筑垃圾超细粉制备再生砂浆时，要做相关试验来确定其掺量，当选择超细砖粉进行再生砂浆的制备时，其掺量最多不应超过 12.5%。

7.3.3 建筑垃圾超细粉取代水泥粉煤灰砂浆中的部分粉煤灰

建筑垃圾超细粉按相应取代率取代强度等级为 M5、M7.5、M10 水泥粉煤灰再生砂浆中的粉煤灰后的再生砂浆强度试验结果见表 7-22 至表 7-24 以及图 7-11 至图 7-13。

（1）建筑垃圾超细粉取代强度为 M5 水泥粉煤灰再生砂浆中的粉煤灰

表 7-22　建筑垃圾超细粉取代粉煤后 M5 再生砂浆的抗压强度值　　　　MPa

取代率	龄期					
	3d		7d		28d	
0%	2.4	2.3	4.7	4.7	7.0	7.1
	2.3		4.7		7.2	
	2.2		4.6		7.0	
20%	2.7	2.5	5.0	5.0	7.5	7.5
	2.4		5.1		7.5	
	2.3		4.9		7.5	
40%	2.6	2.6	5.3	5.3	7.6	7.6
	2.8		5.2		7.7	
	2.5		5.4		7.6	
60%	2.2	2.4	5.0	5.0	6.7	7.2
	2.7		5.0		7.6	
	2.3		5.1		7.3	
80%	2.2	2.5	5.1	5.1	7.1	6.8
	2.7		5.2		6.6	
	2.6		5.0		6.7	
100%	2.2	2.3	4.4	4.3	6.6	6.5
	2.4		4.5		6.3	
	2.2		4.2		6.9	

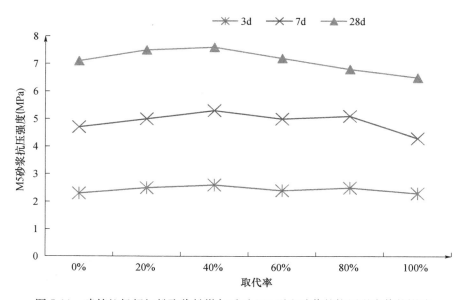

图 7-11　建筑垃圾超细粉取代粉煤灰后对 M5 再生砂浆的抗压强度值的影响

（2）建筑垃圾超细粉取代强度为 M7.5 水泥粉煤灰再生砂浆中的粉煤灰

表 7-23　建筑垃圾超细粉取代粉煤灰后 M7.5 再生砂浆的抗压强度值　　　MPa

取代率	龄期					
	3d		7d		28d	
0%	3.0		4.8		9.6	
	3.1	3.0	4.7	4.7	9.6	9.5
	2.9		4.6		9.4	
20%	3.0		4.9		9.3	
	3.1	3.1	4.9	5.0	9.1	9.4
	3.1		5.2		9.7	
40%	3.1		5.2		9.3	
	3.2	3.1	5.3	5.3	9.6	9.6
	3.0		5.3		9.8	
60%	3.2		4.7		9.6	
	3.2	3.2	4.7	4.8	9.1	9.3
	3.3		4.07		9.1	
80%	2.6		4.9		8.8	
	2.7	2.8	4.9	4.9	8.9	8.7
	2.9		4.8		8.6	
100%	2.6		4.3		7.7	
	2.5	2.5	4.3	4.2	7.6	7.8
	2.6		4.0		8.0	

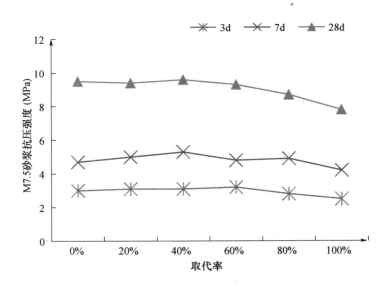

图 7-12　建筑垃圾超细粉取代粉煤灰后对 M7.5 再生砂浆的抗压强度值的影响

（3）建筑垃圾超细粉取代强度为 M10 水泥粉煤灰再生砂浆中的粉煤灰

表 7-24　建筑垃圾超细粉取代粉煤灰后 M10 再生砂浆的抗压强度值　　　MPa

取代率	龄期					
	3d		7d		28d	
0%	3.6	3.7	6.2	6.3	10.6	10.5
	3.5		6.3		10.7	
	2.9		6.4		10.3	
20%	3.6	3.6	6.6	6.5	10.5	10.6
	3.6		6.6		10.5	
	3.6		6.3		10.7	
40%	3.8	3.8	6.9	6.6	10.6	10.6
	3.9		6.3		10.6	
	3.7		6.5		10.5	
60%	3.4	3.6	6.1	6.2	10.2	10.3
	3.8		6.3		10.4	
	3.5		6.4		10.4	
80%	3.2	3.2	5.9	6.0	10.0	10.0
	3.5		5.7		10.2	
	3.0		6.3		9.8	
100%	2.6	2.9	5.3	5.4	9.3	9.5
	2.9		5.2		9.5	
	3.1		5.6		9.7	

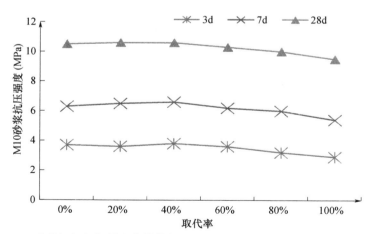

图 7-13　建筑垃圾超细粉取代粉煤灰后对 M10 再生砂浆的抗压强度值的影响

由图 7-11 至图 7-13 可知，建筑垃圾超细粉取代水泥粉煤灰再生砂浆中的粉煤灰后，随着取代率的增大，再生砂浆强度呈现先增加后降低的趋势。由于粉煤灰颗粒粗大，而建筑垃圾超细粉取代粉煤灰后，可以有效地改善再生砂浆中微细小颗粒的级配，提高密实度以提高再生砂浆试块的抗压强度。试验结果表明，本试验所用建筑垃圾超细粉的活性能达到Ⅰ级粉煤灰的活性。粉煤灰表面比较光滑，而且与水泥的水化产物物理接触居多，大量的 $CaCO_3$ 不会参与水化反应。杨久俊等[7]人通过 XRD 观察显示，在水化过程中，只有一部分粉煤灰参与反应。然而建筑垃圾超细粉中活性成分较多，这些成分能与水泥水化产物中的 $Ca(OH)_2$ 再进一步发生化合反应，生成新的水化产物，有利于再生砂浆强度的发展。而且建筑垃圾超细粉的颗粒表面比较粗糙，发生水化反应的接触点更多，能发生不同的密集触点水化反应，水化产物凝结后，产生大量网状结构，使再生砂浆内部连接更密实，大大增加了再生砂浆的强度。因此，建筑垃圾超细粉取代部分粉煤灰制备再生砂浆是可行的，而且有效地提高了再生砂浆的抗压强度。总之，建筑垃圾超细粉部分取代粉煤灰与之共同作为再生砂浆掺和料是完全可行的，其中以建筑垃圾超细粉占掺和料的 40%、粉煤灰占 60% 时为最佳。

7.4　建筑垃圾超细粉对再生砂浆抗冻性能的影响

砌筑砂浆对抗冻性能的要求比较高，因为再生砂浆的抗冻性能直接影响建（构）筑物的使用寿命和安全性能。若再生砂浆的抗冻融性能较差，非常容易出现墙体表面裂纹、开口、掉皮等恶劣的现象，而这与外墙表面的涂料无关。所以，抗冻融循环性能具有重要的研究意义。本书从力学性能的角度出发，对再生砂浆抗冻融循环性能进行相关研究。目前，大部分建筑墙体表面都需要覆盖水泥砂浆进行保护，绝大部分用于砌体的砌筑工程。由于再生砂浆抗冻融性能严重地影响到建筑物使用的耐久性，所以本试验认真进行了建筑垃圾超细粉对再生砂浆抗冻性能的应用和研究。抗冻性能是再生砂浆耐久性能的重要指标，而衡量再生砂浆抗冻性能最直接的指标是强度损失率和质量损失率。以下是本研究的试验数据。

（1）建筑垃圾超细粉取代粉煤灰后再生砂浆的质量损失率（表 7-25）

表 7-25　建筑垃圾超细粉取代粉煤灰后再生砂浆的质量损失率（%）

取代率	0%	2.5%	5%	7.5%	10%	12.5%	15%	17.5%	20%
M5	0.22	0.26	0.36	0.5	0.6	0.68	0.82	0.76	0.8
M7.5	0.25	0.33	0.41	0.44	0.43	0.63	0.7	0.69	0.78
M10	0.23	0.32	0.32	0.26	0.36	0.35	0.59	0.61	0.66

（2）建筑垃圾超细粉取代粉煤灰后再生砂浆的强度损失率（表 7-26）

表 7-26　建筑垃圾超细粉取代粉煤灰后再生砂浆的强度损失率（%）

取代率	0%	2.5%	5%	7.5%	10%	12.5%	15%	17.5%	20%
M5	13	15	9	13	15	14	17	12	14
M7.5	9	13	8	11	12	10	14	7	12
M10	7	10	6	8	8	6	8	5	8

　　由图 7-14 可知，在整个冻融循环过程中，不同强度等级的再生砂浆的质量损失率均随着取代率的增加而呈现出逐渐增加的变化趋势。冻融循环次数较少时，再生砂浆试块的表面均比较平整，没有出现分层、剥落和贯通缝等恶劣现象。而冻融循环结束后，再生砂浆试块的表面出现轻微冻蚀和表皮剥落现象。用显微镜观察其内部结构，发现内部出现大量的细微裂缝，再生砂浆的孔隙明显增多。

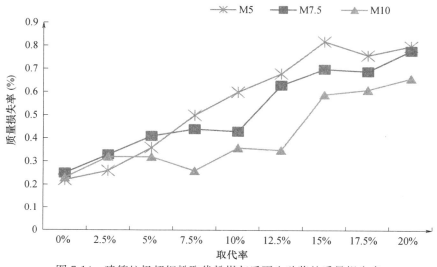

图 7-14　建筑垃圾超细粉取代粉煤灰后再生砂浆的质量损失率

　　经过 35 次冻融循环之后，再生砂浆的质量损失率均远小于 5％，完全符合规范要求。从图 7-14 中可以看出，当取代率小于 5％时质量损失率小于 0.5％，说明此时再生砂浆最为密实，保温抗冻性能最好。而取代率超过 12.5％后，三种强度的再生砂浆相应地出现不同程度的质量损失，具体表现为强度越低出现损失的趋势越明显。就建筑垃圾超细粉的掺入而言，再生砂浆试块出现质量损失的趋势随建筑垃圾超细粉取代率的增大而变得更加明显。这说明随着建筑垃圾超细粉掺量的增加，导致再生砂浆内部孔隙水增多、黏结力变小，导致孔隙中的水分反复冻融、收缩膨胀，直接引起再生砂浆试块出现微裂缝并逐渐扩大，试块出现脱落和质量损失等现象。这是由于再生砂浆毛细孔中的水受冻膨胀，因融化收缩反复变化导致的。特别是受冻膨胀过程中的膨胀压力，使再生砂浆内部受到很大的拉力，而再生砂浆的抗拉能力有限，很容易遭受破坏。当毛细孔内填满了冰晶及少量流动水时，如果再次发生凝结增长作用，不断增长的冰晶就会产生更大的膨胀压力。除此之外，还会有渗透压作用，即毛细孔中的冰水混合物产生的浓度差所产生的压力。即使不是具有一定浓度的盐溶液混合物而是纯净水，温度降低后也会导致这种压力的增长。这是由于水分在受冻后，会不断凝聚周围凝晶中的水，使冰核膨胀变大形成冰晶，其体积也不断增加，这就产生了强大的膨胀压力，即所谓的结晶压力。析冰现象与结晶压力不同[8]。结晶压力是水分冻结后，未冻水在压力的推动下流向未冻能消化多余水分的地方，从而使压力消失[9]。未凝结的水分流动一定的距离后，就会凝结而产生压力[10]。这都将导致再生砂浆毛细孔中的水分反复冻融、收缩膨胀，最终使再生砂浆试块出现微裂缝并逐渐扩大，并出现脱落、质量损失等现象。此外，试块的破碎也会降低抗压强度，这也是导致强度损失的主要因素。

由图 7-15 可知，对于三个不同强度等级的再生砂浆，进行冻融循环，对比试块及抗冻试块均出现不同程度的强度损失，而且再生砂浆强度越低强度损失越严重，再生砂浆强度越大强度损失越小。随着冻融循环次数的增加，再生砂浆试块表面的光滑度均出现不同程度的下降，并逐渐伴有砂石颗粒的脱落现象，致使冻融循环结束后，再生砂浆试块的抗压强度降低。在 5 次冻融循环后，再生砂浆强度几乎不降低，在经历 35 次冻融循环后，单轴抗压强度降低5％～15％。再生砂浆强度的损失程度并没有因取代率的增大而发生太大变化，这表明建筑垃圾超细粉对再生砂浆抗冻性能影响不大。虽然试块的质量损失与取代率表现出正相关关系，但是均局限在非常微小的损失率范围之内，试块的强度不会有明显的损失。基于建筑垃圾超细粉的填充效应，其含量在许可范围内增加时，会提高水泥再生砂浆的密实性并降低再生砂浆孔隙的含水率。冻融腐蚀循环条件相同时，再生砂浆的质量损失率和强度损失率变化趋势都会得到延缓、降低。同时，强度低的再生砂浆内部的孔隙率较大，如果受到冻融腐蚀的影响，其内部孔隙及微小裂缝会加速扩展。这表明低强度再生砂浆抗冻融腐蚀破坏的能力较差，这与内部孔隙有较大关系。当再生砂浆遭受冻融腐蚀时，其内部的孔隙先发生变化，孔隙中的自由水开始冻结迅速形成冰晶，致使冰晶体积逐渐增大，冰晶产生的膨胀力也逐渐增大，当这种膨胀力超过再生砂浆的抗拉强度时，水泥再生砂浆就会遭受破坏，出现微裂缝。部分碎落的微细小颗粒随着再生砂浆内部水分的迁移而流失，造成总体的质量损失。随着微裂缝的扩大，导致承压截面变小从而降低再生砂浆的抗压强度。总之，建筑垃圾超细粉取代粉煤灰后，再生砂浆的质量损失均小于 25％，满足规范的相关要求。

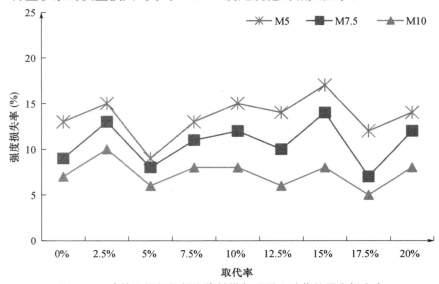

图 7-15　建筑垃圾超细粉取代粉煤灰后再生砂浆的强度损失率

参考文献

［1］王申宁．建筑垃圾超细粉对砌筑砂浆基本性能影响的试验研究［D］．青岛：山东科技大学，2017.

［2］刘数华，方坤河，申海莲，等．粉煤灰对混凝土的需水量、坍落度和泌水性的影响［J］．粉煤灰综合利用，2005（3）：47-48.

［3］邓旭华．水灰比对再生混凝土强度影响的试验研究［J］．混凝土，2005（2）：46-48.

［4］王晓波，陆沈磊，张平．建筑垃圾再生微粉性能研究及应用探讨［J］．粉煤灰，2012，24（6）：24-26.

［5］黄天勇，侯云芬．再生细骨料中粉料对再生砂浆抗压强度的影响［J］．东南大学学报（自然科学版），2009，39（S2）：279-282.

［6］程海丽，田海泽．废黏土砖粉潜在活性探究［J］．再生资源与循环经济，2014，7（12）：25-27.

［7］杨久俊，谢武，张磊，等．粉煤灰-碱渣-水泥混合料砂浆的配制实验研究［J］．硅酸盐通报，2010，29（5）：1211-1216.

［8］ZHANG D S，CHENG H Z．Freeze/thaw durability of air-entrained PFA concrete［A］．In：Sjostrom C．Durability of building materials and components［M］．London：E&FN SPON，1996：482-490.

［9］MENENDEZ G，BONAVETTI V L，IRASSAR E F．Strength development of ternary blended cement with limestone filler and blast-furnace slag［J］．Cement and Concrete Composites，2003，25（1）：61-67.

［10］TSIVILIS S，Basis G，Chaniotakis E，et al．Properties and behavior of lime-stone cement and mortar［J］．Cement and Concrete Research，2000，30（10）：1679-1683.

8 再生混合砂在砂浆中的应用及经济效益分析

本章研究再生混合砂不同取代比率对湿拌砌筑砂浆抗压强度、稠度和材料成本的影响，经过配合比调整，最终得到符合砂浆标准要求和经济性高的再生砂取代率[1-8]。

8.1 试验用原材料

（1）水泥

海螺 P·O 42.5 普通硅酸盐水泥，3d 抗压强度 28.1MPa，28d 抗压强度 47.6MPa，其他技术指标符合《通用硅酸盐水泥》（GB 175—2007）要求。

（2）外加剂

科隆智谷聚羧酸外加剂，减水率 24.9%，固含量 13.0%，其他技术指标符合《混凝土外加剂术语》（GB/T 8075—2017）要求。

（3）天然砂

惠州产中砂，细度模数 2.8，符合 II 级配区要求，为中砂。

（4）再生混合砂

深圳市横岗街道工业区建筑物拆除、破碎产生的混合砂，细度模数 3.5。对照《混凝土和砂浆用再生细骨料》（GB/T 25176—2010），符合 I 级配区要求，为粗砂。

8.2 配合比及试验设计

采用单因素试验探讨含水率 11% 再生混合砂取代含水率 7% 天然砂对湿拌砌筑砂浆的稠度和抗压强度的影响，试验配合比和性能检测结果见表 8-1。

表 8-1 砂浆试验配合比及性能检测结果

编号	配合比（kg/m³）						性能检测结果				
	水泥	水	外加剂	再生砂	再生砂掺量（%）	水洗砂	表观密度（kg/m³）	稠度（mm）	1h 后稠度（mm）	3d 抗压强度（MPa）	28d 抗压强度（MPa）
A	250	290	8.8	1500	100	—	1800	95	—	2.1	7.2
B	250	280	6.5	1125	75	375	1855	95	80	3.2	11.7
C	250	250	5.5	750	50	750	1860	90	80	3.9	12.9
D	250	210	3.0	—	0	1500	1870	90	85	3.8	12.4

由表 8-1 可见，75% 和 50% 再生混合砂取代天然砂时，再生湿拌砌筑砂浆的 3d 和 28d 抗压强度与只用天然砂的砂浆试块抗压强度相差不大，其中，再生砂 50% 取代率时砂浆的 3d 和 28d 抗压强度均比只用天然砂的砂浆试块强度略大。

8.3 经济效益分析

在保证质量的前提下，再生混合砂的掺入不仅可有效缓解深圳市场砂源紧张和砂价处于历史最高价的局面，也是积极响应政府号召，实现建筑废弃物的循环再生利用。成本按照水泥 450 元/吨、水洗砂 160 元/吨、再生混合砂 40 元/吨、外加剂 3500 元/吨计算，水直接取自施工现场，未计入成本，由表 8-2 可见，随着再生混合砂掺入比率的减少，原材料成本显著上升，上升幅度详见图 8-1。此外，随着水洗砂价格的上升，再生混合砂使用的经济效益将越来越显著[9]。

表 8-2 再生湿拌砌筑砂浆生产成本

编号	水泥	外加剂	水洗砂	再生混合砂	综合成本
A	112.50	30.80	60.00	—	203.30
B	112.50	22.75	45.00	60.00	240.25
C	112.50	19.25	30.00	120.00	281.75
D	112.50	17.50	—	240.00	370.00

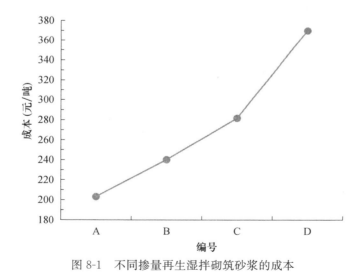

图 8-1 不同掺量再生湿拌砌筑砂浆的成本

8.4 工程实际应用

位于深圳市某街道的围墙，使用掺入 50% 再生混合砂的湿拌再生砌筑砂浆，详见图 8-2 和图 8-3。施工 10 天后实地走访，与其他完全使用天然砂的砂浆墙体相比无差异。

图 8-2　风景墙用再生砌筑砂浆与风景墙砌墙施工现场

图 8-3　风景墙完工后的现场图

　　随着砂石等材料价格的暴涨，越来越多的企业在寻求可替代天然砂石的材料。越来越多的固定式搅拌站和移动式服务站使用再生混合砂用于湿拌砌筑砂浆的生产，墙材企业也正尝试在灰砂砖、艺术砂浆墙板、植草砖、透水砖等墙材中使用再生混合砂。

　　经过相关试验总结、效益分析及工程研究应用可得出以下结论：

　　（1）再生混合砂的取代率为 100％时，砂浆的工作性能无法满足标准要求，现有的再生混合砂无法完全取代天然砂。

　　（2）当再生混合砂的取代率为 75％时，在配合比调整过程中，发现波动性较大，质量难以控制。

　　（3）从经济性的角度分析，再生混合砂的掺量越高，材料成本越低。但高掺量的砂浆质量却难以控制，结合砂浆质量稳定性等因素，再生混合砂 50％的取代率社会综合效益最佳。

参考文献

［1］梁伟，黄雅雪．深圳协会在预拌混凝土行业发展中的运营分析［J］．商品混凝土，2017（2）：21-22.

［2］乔宏霞，关利娟，曹辉，等．再生骨料混凝土研究现状及进展［J］．混凝土，2017（7）：77-82.

［3］梁伟，陈爱芝，余长虹．再生骨料混凝土的性能研究与工程应用［J］．广东建材，2017，33（8）：18-20.

［4］马啸，张双烟，姚宇飞，等．再生骨料相关研究现状综述［J］．商品混凝土，2018（5）：27-30.

［5］尹兰兰，秦拥军，司续霞．基于模糊集理论的掺锂渣粉 C30 再生混凝土抗压强度分析［J］．建材世界，2018，39（3）：1-5.

［6］余乃宗，刘卫东，陈冲．再生细骨料砂浆配合比优化分析［J］．混凝土，2015（9）：116-118.

［7］元成方，李爽，曾力，等．砖砼混合再生粗骨料混凝土力学性能研究［J］．硅酸盐通报，2018，37（2）：398-402.

［8］郑娟荣，谷迪．砂的性质对干混抹灰砂浆性能影响的试验研究［J］．混凝土，2015（7）：104-106＋110.

［9］秦拥军，刘志刚，于江．分类再生细骨料对建筑砂浆性能影响的试验研究［J］．混凝土，2014（11）：127-131.

9 再生砂浆的施工

9.1 抹灰砂浆的施工

9.1.1 抹灰砂浆施工概述

用水泥、石灰、石膏、砂（机制砂、天然砂、再生砂等）、掺和料、外加剂制备成各类砂浆，涂抹在建筑物的墙、顶、地、柱等表面上，直接做成饰面层的装饰工程，称为抹灰工程，又称抹灰饰面工程，简称"抹灰"。我国有些地区也把抹灰习惯地叫作"粉饰"或"粉刷"。

（1）抹灰砂浆层

抹灰砂浆层一般分为底层、中层和面层三个层次，如图9-1所示。

底层作用：与基层黏结及初步找平。

中层作用：找平作用。

面层作用：装饰作用。

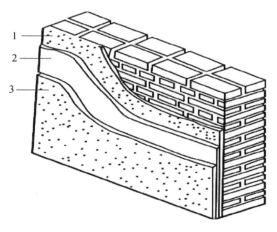

图 9-1 抹灰的组成

1—底层；2—中层；3—面层

（2）抹灰砂浆施工基本规定

一般抹灰工程用砂浆可选用预拌砂浆和现场拌制砂浆，并宜选用预拌砂浆。现场拌制抹灰砂浆时,应采用机械搅拌。预拌抹灰砂浆性能应符合国家标准《预拌砂浆》(GB/T 25181—2019)[1]的规定。预拌抹灰砂浆的施工与质量验收应符合地方标准《预拌砂浆应用技术规程》(DB 11/T 696—2016)[2]的规定。抹灰砂浆的品种及强度等级应满足设计要求。

抹灰砂浆强度不宜比基体材料强度高出两个及以上强度等级,并应符合下列规定:

① 对于无粘贴饰面砖的外墙,底层抹灰砂浆宜比基体材料高一个强度等级或等于基体材料强度;

② 对于无粘贴饰面砖的内墙,底层抹灰砂浆宜比基体材料低一个强度等级;

③ 对于有粘贴饰面砖的内墙和外墙,中层抹灰砂浆宜比基体材料高一个强度等级且不宜低于M15,并宜选用水泥抹灰砂浆;

④ 孔洞填补和窗台、阳台抹面等宜采用M15或M20水泥抹灰砂浆。

配制强度等级不大于M20的抹灰砂浆,宜用32.5级通用硅酸盐水泥或砌筑水泥;配制强度等级大于M20的抹灰砂浆,宜用强度等级不低于42.5级的通用硅酸盐水泥,宜采用散装通用硅酸盐水泥。用通用硅酸盐水泥拌制抹灰砂浆时,可掺入适量的粉煤灰、粒化高炉矿渣粉、沸石粉等,不应掺入消石灰粉。用砌筑水泥拌制抹灰砂浆时,不得再掺加粉煤灰等矿物掺和料。拌制抹灰砂浆,可根据需要掺入改善砂浆性能的添加剂。

抹灰砂浆的品种宜根据使用部位或基体种类按表9-1选用。

表 9-1　抹灰砂浆的品种选用

使用部位或基体种类	抹灰砂浆品种
内墙	水泥抹灰砂浆、水泥石灰抹灰砂浆、水泥粉煤灰抹灰砂浆、掺塑化剂水泥抹灰砂浆、聚合物水泥抹灰砂浆、石膏抹灰砂浆（6类）
外墙、门窗洞口外侧壁	水泥抹灰砂浆、水泥粉煤灰抹灰砂浆（2类）
温（湿）度较高的车间和房屋、地下室、屋檐、勒脚等	水泥抹灰砂浆、水泥粉煤灰抹灰砂浆（2类）
混凝土板和墙	水泥抹灰砂浆、水泥石灰抹灰砂浆、聚合物水泥抹灰砂浆、石膏抹灰砂浆（4类）
混凝土顶棚、条板	聚合物水泥抹灰砂浆、石膏抹灰砂浆（2类）
加气混凝土砌块（板）	水泥石灰抹灰砂浆、水泥粉煤灰抹灰砂浆、掺塑化剂水泥抹灰砂浆、聚合物水泥抹灰砂浆、石膏抹灰砂浆（5类）

抹灰砂浆的施工稠度宜按表9-2选取。聚合物水泥抹灰砂浆的施工稠度宜为50～60mm,石膏抹灰砂浆的施工稠度宜为50～70mm。

表 9-2 抹灰砂浆的稠度选取

抹灰层	施工稠度（mm）
底层	90～110
中层	70～90
面层	70～80

抹灰砂浆的搅拌时间应自加水开始计算，并应符合下列规定：

① 水泥抹灰砂浆和混合砂浆，搅拌时间不得少于 120s；

② 预拌砂浆和掺有粉煤灰、添加剂等的抹灰砂浆，搅拌时间不得少于 180s。

抹灰砂浆施工应在主体结构质量验收合格后进行。抹灰砂浆施工配合比确定后，在进行外墙及顶棚抹灰施工前，宜在实地制作样板，并应在规定龄期内进行拉伸黏结强度试验，检验外墙及顶棚抹灰工程质量的砂浆拉伸黏结强度，应在工程实体上取样检测。

抹灰前的准备工作应符合下列规定：

① 应检查栏杆、预埋件等位置的准确性和连接的牢固性；

② 应将基层的孔洞、沟槽填补密实、整平，且修补找平用的砂浆应与抹灰砂浆一致；

③ 应清除基层表面的浮灰，且宜洒水润湿。

抹灰层的平均厚度宜符合下列规定：

① 内墙：普通抹灰的平均厚度不宜大于 20mm，高级抹灰的平均厚度不宜大于 25mm；

② 外墙：墙面抹灰的平均厚度不宜大于 20mm，勒脚抹灰的平均厚度不宜大于 25mm；

③ 顶棚：现浇混凝土抹灰的平均厚度不宜大于 5mm，条板、预制混凝土抹灰的平均厚度不宜大于 10mm；

④ 蒸压加气混凝土砌块基层抹灰平均厚度宜控制在 15mm 以内，当采用聚合物水泥砂浆抹灰时，平均厚度宜控制在 5mm 以内；采用石膏砂浆抹灰时，平均厚度宜控制在 10mm 以内。

抹灰应分层进行，水泥抹灰砂浆每层厚度宜为 5～7mm，水泥石灰抹灰砂浆每层宜为 7～9mm，并应待前一层达到六七成干后再涂抹下一层。强度等级高的水泥抹灰砂浆不应涂抹在强度等级低的水泥基层抹灰砂浆上。当抹灰层厚度大于 35mm 时，应采取与基体黏结的加强措施。不同材料的基体交接处应设加强网，各层抹灰砂浆在凝结硬化前，应防止暴晒、雨淋、水冲、撞击、振动。水泥抹灰砂浆、水泥粉煤灰抹灰砂浆和掺塑化剂水泥抹灰砂浆宜在润湿的条件下养护。

9.1.2 施工方案

本方案为指导某小区项目抹灰作业编制，适用于某住宅小区项目外墙抹灰、内墙抹灰等抹灰施工。

1. 内墙抹灰

（1）材料准备

成品再生砂浆、耐碱玻纤网格布、建筑胶、钢丝网等。

（2）内墙操作工艺

① 施工工艺。搭脚手架→基层处理→挂网→拍浆→弹线、套方、找规矩、做灰饼、冲筋→阳角做护角→抹底层灰→抹面层灰→清理。

② 基层处理。内墙抹灰需对基层进行处理，不同的基层处理方法不同。

对于烧结砖砌体的基层，应清除表面杂物、残留灰浆、舌头灰、尘土等，并应在抹灰前一天浇水润湿，水应渗入墙面内 10～20mm。抹灰时，墙面不得有明水；对于蒸压灰砂砖、蒸压粉煤灰砖、轻骨料混凝土、轻骨料混凝土空心砌块的基层，应清除表面杂物、残留灰浆、尘土等，并可在抹灰前浇水润湿墙面；对于混凝土基层，应先将基层表面的尘土、污垢、油渍等清除干净，再采用下列方法之一进行处理（可将混凝土基层凿成麻面，抹灰前一天浇水润湿，抹灰时，基层表面没有明水）。或采用在混凝土基层表面涂抹界面砂浆，界面砂浆先加水搅拌均匀，无生粉团后再进行满批刮操作，并应覆盖全部基层表面，厚度不宜大于 2mm。在界面砂浆表面稍收浆后再进行抹灰操作。

对于加气混凝土砌块基层，应先将基层清扫干净，可浇水润湿，水应渗入墙面内 10～20mm，且墙面不得有明水；对于混凝土小型空心砌块砌体和混凝土多孔砖砌体的基层，应将基层表面的尘土、污垢、油渍等清扫干净，并不得浇水润湿。

③ 挂网。在墙体不同材质接缝处（包括埋设管线的槽），敷设宽度为 300mm 的通长钢丝网片，钢丝网片的网孔尺寸不应大于 20mm×20mm，钢丝直径为 0.7mm。钢丝网用钢钉或射钉加铁片进行加固，间距不大于 300mm。楼梯间及人流通道满挂钢丝网。钢丝网居于抹灰层底层，见图 9-2。

图 9-2 抹灰挂网处理

④ 做灰饼、冲筋。先用托线板和靠尺检查墙面平整度、垂直程度，确定抹灰厚度，一般最薄处不少于 7mm。然后在墙面高度 2m 左右、距两边阴角 100～200mm 处，灰饼配比同内墙底层砂浆同，做一个 50mm×50mm 的灰饼。灰饼厚度视墙面平整度、垂直度而定，一般为 10～15mm，且要保证房间开间、净深尺寸符合分户验收要求。然后用托线板或线锤在此灰饼面挂垂直，在墙面的上下各补做两个灰饼，灰饼距顶棚及地面高度 150～200mm，再用钉子钉在左右灰饼两头墙缝里，用小线拴在钉子上拉横线，沿线每隔 1.2～1.5m 补做灰饼。用与抹灰层相同的砂浆冲筋，冲筋根数应根据房间墙面高度而定。操作时在上下灰饼之间做宽度 30～50mm 的灰浆带，并以上下灰饼为准用压尺杠推（刮）平；阴阳角的水平标筋应连接起来，并相互垂直。具体施工图片如图 9-3 所示。

图 9-3　抹灰做灰饼、冲筋

⑤ 做护角。室内墙面、柱面、梁面的阳角和门窗洞口的阳角，可采用规定配比水泥砂浆抹出护角，护角高度不应小于 2m，每侧宽度不小于 50mm。根据灰饼厚度抹灰，然后固定好八字靠尺，并找方吊直，用规定配比水泥砂浆找平，待砂浆稍干后，再用捋角器和水泥浆捋出小圆角。优先施工立管管后的抹灰层，避免立管安装后抹灰困难。

⑥ 抹底层灰。在墙体湿润状态（六七成干）的情况下抹底层灰，用 9mm 厚适宜配比再生砂浆打底扫毛。抹灰时用力抹压，将砂浆挤入墙缝中，达到糙灰和使基层紧密结合的目的。对于楼梯间后做踢脚线的位置，墙根预留 20cm 的高度。阳台、卫生间需要做防水上返的墙根预留 350mm 的高度（便于后期粘贴防水卷材）。

⑦ 抹罩面层。待底层灰达到七成干后（即用手按不软但有指印时），即可用 6mm 厚适宜配比再生砂浆罩面压光，如间隔时间过长，底层灰过干时，应扫水湿润。抹灰时要压实抹平，待灰浆稍干收水时（即经过钢抹子磨压而灰浆层不会变成糊状），要及时用原浆压平，并可视灰浆干湿程序蘸水抹压溜光，使面层更为细腻光滑。阴阳角处应用阴阳角抹子压光。分两遍压实磨平。面层抹灰时嵌入玻纤网（满铺）。

⑧ 清理。抹灰工作完毕，应将黏在门窗框、墙面的砂浆与落地灰及时清除、擦扫干净。

2. 外墙抹灰施工

（1）施工工艺

基层处理→挂网→拍浆→做灰饼→墙面冲筋→做护角→抹底灰→抹面灰→清理→养护。

（2）外墙施工工艺中基层处理拍浆、做灰饼、墙面冲筋、做护角做法与内墙相同。在此特别说明如下几点：

① 抹灰前必须将墙体清扫干净后进行湿润；

② 外墙满挂热镀锌钢丝网（位于抹灰基层），钢丝网应用钢钉或射钉加网片固定，间距不大于 300mm；

③ 不粘贴保温板的部位，如：空调板、雨篷、檐口等部位上部应里高外低，向外沿 1% 找坡；底部抹灰施工时应做鹰嘴，鹰嘴应整齐顺直；

④ 外墙抹灰掺加 5% 防水剂；

⑤ 冲筋垂直、套方、找规矩、贴灰饼从顶开始用大线锤绷 22♯ 铁丝吊垂直，做灰饼、横线则以楼层为基准线交圈控制，坚向线则以四周大角、阴角处为基准线控制，每层打底时则以此灰饼作为基点进行冲筋，使其底层灰横平竖直，同时要注意找好突出檐口、腰线、窗台、雨篷等饰面的流水坡度和鹰嘴；

⑥ 窗洞口收口尺寸：要求窗两侧要从顶层到底层拉垂直通线，每面墙的每层窗台和窗顶均需拉通线保证"一平"。

3. 混凝土顶棚抹灰

混凝土顶棚抹灰前，先将楼板表面附着的杂物清除干净，并应将基面的油污或脱模剂清除干净，凹凸处应用聚合物水泥抹灰砂浆修补平整或剔平。抹灰前，应在四周墙上弹出水平线作为控制线，先抹顶棚四周，再圈边找平。预制混凝土顶棚抹灰厚度不宜大于 10mm；现浇混凝土顶棚抹灰厚度不宜大于 5mm。混凝土顶棚找平、抹灰，抹灰砂浆应与基体黏结牢固，表面平顺。

4. 季节性施工要求

（1）冬期抹灰施工应符合行业标准《建筑工程冬期施工规程》（JGJ/T 104—2011）的有关规定，并应采取保温措施。抹灰时环境温度不宜低于 5℃。

（2）冬期室内抹灰施工时，室内应通风换气，并应监测室内温度。冬期施工时不宜浇水养护。

（3）冬期施工，抹灰层可采用热空气或带烟囱的火炉加速干燥。当采用热空气时，应通风排湿。

（4）湿拌抹灰砂浆冬期施工时，应适当缩短砂浆凝结时间，但应经试配确定。湿拌砂浆的储存容器应采取保温措施。

（5）寒冷地区不宜进行冬期施工。

（6）雨天不宜进行外墙抹灰，施工时，应采取防雨措施，且抹灰砂浆凝结前不应受雨淋。

（7）在高温、多风、空气干燥的季节进行室内抹灰时，宜对门窗进行封闭。

（8）夏期施工时，抹灰砂浆应随伴随用，抹灰时应控制好各层抹灰的间隔时间。当前一层过于干燥时，应先洒水润湿，再抹第二层灰。

（9）夏季气温高于 30℃时，外墙抹灰应采取措施遮阳措施，并应加强养护。

9.1.3 质量问题与预防措施

（1）基墙不平，未进行找平处理，导致抹灰层开裂、空鼓（图 9-4）。

同一次抹的砂浆层厚度不均匀，由于厚的部位干燥慢，薄的部位干燥快；砂浆在干燥时伴随着砂浆层的硬化和收缩，干燥快的砂浆部位硬化早、收缩早，干燥慢的砂浆部位硬化迟、收缩迟，这就在砂浆层内部形成内应力；当抹灰砂浆层厚度偏差较大时，这种变形的不一致，就可能导致结构破坏出现空鼓或开裂现象。当局部较厚，大部较薄，特别是厚薄变化梯度较大时，容易出现局部收缩裂纹现象；当局部较薄，大部较厚，尤其较薄在门窗洞口边缘或墙体转角处时，而砂浆层与基材的黏结强度较弱时，常常出现砂浆层与基层拉脱，出现空鼓现象。

因此，当抹灰基面不平时，应当找平抹灰基面，找平后晾置 5～7 天后再施工抹灰砂浆。

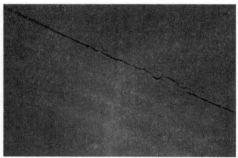

图 9-4　抹灰砂浆空鼓开裂现象

（2）砂浆抹灰层下坠造成开裂

如果较长时间砂浆抹灰层不稠化失去流动性，砂浆抹灰层在自身重力作用下可能下坠滑移，从而导致砂浆抹灰层开裂。这种情况主要发生在抹灰基面吸水少，一次抹灰厚度太厚，或抹灰后砂浆未凝固就遭到雨水浸淋，这种现象冬季气温较低时容易发生。

要避免这种情况发生，一定要严格按照施工技术规程要求，一次砂浆抹灰厚度不能太厚，多层抹灰时每层砂浆抹灰时间间隔要长，抹灰基面在淋水潮湿状态不抹灰，应适当降低砂浆用水量，防止抹灰后即遭到雨水浸淋，冬季气温较低时抹灰后注意加强通风。

（3）砂浆抹灰层快速失水造成开裂

砂浆抹灰层在稠化干燥、凝结固化过程中，伴随着砂浆的收缩。砂浆稠化干燥出现的收缩称为砂浆早期收缩，砂浆凝固后进一步水化后发生的收缩称为砂浆后期收缩。砂浆的前期收缩较后期收缩大得多，一般砂浆的前期收缩值在 1%左右。一般砌筑墙体收缩值在千分之三以内，而且主要集中在砌筑灰缝处，混凝土墙体的收缩值在万分之五左右，抹灰砂浆层与抹灰基体材料的收缩差异较大，一般抹灰基体的刚度较砂浆抹灰层大得多，这种收缩差异容易导致砂浆抹灰层开裂，这就是建筑砂浆抹灰层不能完全避免开裂的主要原因之一。砂浆抹灰层失水干燥越快，前期收缩就越剧烈，就越容易产生裂纹。这种情况在夏季气温较高或风速较大时经常发生。

应通过调整夏季抹灰施工时间，加强施工后砂浆抹灰层防护，避免阳光直晒，从而防止砂浆抹灰层因失水过快而开裂。

（4）抹灰基体材料吸水率不同导致砂浆抹灰层开裂

砂浆抹灰层由于抹灰基体材料吸水率不同，导致砂浆稠化硬化速度不同，收缩快慢也不同，在两种抹灰基体材料的交界处容易出现裂纹。比如砌筑墙体与混凝土梁柱交界处，由于混凝土吸水率较页岩烧结砖或加气混凝土砌块的吸水率要低得多，这些地方往往容易开裂。

要避免这种现象发生，施工处理措施主要是在不同基材的交界处，搭接铺设一层钢丝网或玻纤网，先抹上一层薄砂浆，再进行砂浆抹灰施工。

（5）抹灰基体结构变化导致砂浆抹灰层开裂

砂浆在收缩时，由于约束条件不同，分为自由收缩和限制收缩。砂浆的自由收缩值较限制收缩值大，当限制条件足够时，砂浆构件可能不收缩，这就是在砂浆中加入纤维或在砂浆层中铺设钢丝网能够减少或避免砂浆层开裂的原因。抹灰基体表面的抹灰砂浆层，其与基面黏结的内表面，由于其收缩受到基体表面的限制，当其收缩时，基体往外拉不让其收缩，其收缩值就比与空气接触的砂浆抹灰层外表面的小。由于抹灰基体结构变化，基体对砂浆变形的约束不一致，导致砂浆抹灰层不同部位收缩不一致：像门窗洞口，其边缘为三向约束，中间部位为四向约束，墙体、梁柱转角处也如此，这些位置由于不同部位砂浆抹灰层变形差异，容易出现开裂。因此，在门窗洞四周砂浆抹灰层中要增设一层钢丝网或玻纤网格布，防止砂浆抹灰层开裂。

（6）界面处理层强度不够造成砂浆抹灰层空鼓、剥离

当基体表面比较光滑，抹灰砂浆不易黏结时，为了确保抹灰砂浆与基体黏结牢固，需要对基体表面进行拉毛处理，这层材料称为界面处理层。砂浆在凝固后，后期砂浆中的水泥不断水化、硬化，这个过程伴随着砂浆的收缩。砂浆抹灰层后期收缩在抹灰基体界面处理层形成拉应力，抹灰层厚度越厚，对界面处理层的拉应力越大，抹灰层砂浆强度越高，对界面处理层的拉应力越大；抹灰层砂浆砂子越细，对界面层拉应力越大。当界面处理层与基体表面黏结强度不够，或界面处理层强度较低时，砂浆抹灰层后期收缩可能导致界面处理层与基体表面脱开，或抹灰层砂浆拉坏界面处理层，砂浆抹灰层与基体就出现了空鼓、剥离现象。发生这种情况，往往前期没有问题，一般半个月后，随着时间增长，砂浆抹灰层空鼓现象会越来越严重。

要避免这种情况，一是要提高界面处理层与基体的黏结强度和本身强度，确保与基体黏结牢固；二是砂浆抹灰一次抹灰厚度不能太厚，禁止一次抹成，每层抹灰应保持适当时间间隔；对抹灰厚度超过 20mm，要采取多次抹灰工艺。

9.2 砌筑砂浆的施工

9.2.1 砌筑砂浆施工概述

对砖、石、砌块砌筑砂浆的施工，砌筑砂浆的稠度应符合《预拌砂浆应用技术规程》（JGJ/T 223—2010）的相关规定。当砌筑其他块材时，砌筑砂浆的稠度可根据块材吸水特性及气候条件确定。采用薄层砂浆施工法砌筑蒸压加气混凝土砌块等砌体时，砌筑砂浆稠度可根据产品说明书确定。砌体砌筑时，块材应表面清洁，外观质量合格，产品龄期应符合国家现行有关标准的规定。

1. 砌筑砂浆在砌体中的作用

（1）将砖石按一定的砌筑方法黏结成整体。

（2）砂浆硬化后，各层砖可以通过砂浆均匀地传递压力，使砌体受力均匀。

（3）砂浆填满砌体的间隙，可防止透风，对房屋起保暖、隔热的作用。

2. 砌筑砂浆施工工艺的基本要求

（1）组成材料

砌筑砂浆的组成材料主要为水泥等胶凝材料、细骨料（天然砂、机制砂和再生砂）、矿物掺和料和拌和用水。

① 水泥等胶凝材料。水泥是砂浆的主要胶凝材料，常用的水泥品种有普通硅酸盐水泥、矿渣硅酸盐水泥、火山石质硅酸盐灰水泥、粉煤灰硅酸盐水泥和复合硅酸盐水泥等，可根据设计要求、砌筑部位及所处的环境条件选择适宜的水泥品种。选择中低强度等级的水泥即能满足要求。如果水泥强度等级过高，则可加些混合材料。对于一些特殊用途，如配置构件的接头、接缝或用于结构加固、修补裂缝，应采用膨胀水泥。水泥强度等级应为砂浆强度等级的 4～5 倍，水泥强度等级过高，将使水泥用量不足而导致保水性不良。石灰膏和熟石灰不仅是胶凝材料，更主要的是使砂浆具有良好的保水性。

② 细骨料。细骨料包括天然砂、机制砂、再生砂。所配制的砂浆称为普通砂浆。砂的最大粒径应小于砂浆厚度的 1/4～1/5，一般不大于 2.5mm。砂的粗细程度对水泥用量、和易性、强度和收缩性影响很大。砂中不得含有有害杂物。砂的含泥量应满足下列要求：

a. 对水泥砂浆和强度等级不小于 M5 的水泥混合砂浆，不应超过 5%；

b. 对强度等级小于 M5 的水泥混合砂浆，不应超过 10%；

c. 人工砂、山砂及特细砂，应经试配满足砌筑砂浆技术条件要求。

③ 拌和用水。砂浆拌和用水与混凝土拌和水的要求相同，应选用无有害杂质的洁净水来拌制砂浆。

（2）基本要求

配制水泥石灰砂浆时，不得采用脱水硬化的石灰膏；消石灰粉不得直接用于砌筑砂浆中；砌筑砂浆应通过试配确定配合比；当砌筑砂浆的组成材料有变更时，其配合比应重新确定；施工中采用水泥砂浆代替水泥混合砂浆时，应重新确定砂浆强度等级。凡在砂浆中掺入有机塑化剂、早强剂、缓凝剂、防冻剂等，应经检验和试配符合要求后方可使用；有机塑化剂应有砌体强度的型式检验报告。砂浆现场拌制时，各组材料应采用质量计量。

砌筑砂浆应采用机械搅拌，自投料完算起，搅拌时间应符合下列规定：

① 水泥砂浆和水泥混合砂浆不得少于 2min；

② 水泥粉煤灰砂浆和掺用外加剂的砂浆不得少于 3min；

③ 掺用有机塑化剂的砂浆，应为 3～5min。

砂浆应随拌随用，水泥砂浆和水泥混合砂浆应分别在 3h 和 4h 内使用完毕；当施工期间最高气温超过 30℃时，应分别在拌成后 2h 和 3h 内使用完毕。对掺用缓凝剂的砂浆，其使用时间可根据具体情况延长。

砌筑砂浆试块强度验收时，其强度合格标准必须符合以下规定：

① 同一验收批砂浆试块抗压强度平均值必须大于或等于设计强度等级所对应的立方体抗压强度；同一验收批砂浆试块抗压强度的最小一组平均值必须大于或等于设计强度等级所对应的立方体抗压强度的 0.75 倍；

② 砌筑砂浆的验收批，同一类型的砂浆试块应不少于 3 组；当同一验收批只有一组试块时，该组试块抗压强度的平均值必须大于或等于设计强度等级所对应的立方体抗压强度；

③ 砂浆强度应以标准养护龄期为 28d 的试块抗压试验结果为准；

④ 抽检数量：每一检验批且不超过 250m³ 砌体的各种类型及强度等级的砌筑砂浆，每台搅拌机应至少抽检一次；

⑤ 检验方法：在砂浆搅拌机出口随机取样制作砂浆试块（同盘砂浆只应制作一组试块），最后检查试块强度试验报告单。

当施工中或验收时出现下列情况，可采用现场检验方法对砂浆和砌块强度进行原位检测或取样检测，并判定其强度：

① 砂浆试块缺乏代表性或试块数量不足；

② 对砂浆试块的结果有怀疑或有争议；

③ 砂浆试块的试验结果不能满足设计要求。

9.2.2 施工方案

1. 施工准备

（1）技术准备

① 图纸会审：核对砌筑砂浆的种类、强度等级、使用部位等设计要求；

② 施工方案：在施工组织设计中明确所需搅拌机，计量器具的规格、型号、性能、使用精度及参数等；

③ 砂浆试配：委托有关部门对砂浆配合比进行试配，并出具砂浆配合比报告；

④ 技术交底：施工前应向操作层进行书面技术、安全交底。

（2）材料准备

① 按砂浆配合比要求，对所需原材料的品种、规格、质量进行检查验收；

② 由持证材料员和试验员按规定对原材料进行抽样检验，确保原材料质量符合要求。

（3）主要机具

① 机械搅拌时：砂浆搅拌机、投料计量设备；

② 人工搅拌时：灰扒、铁锹等工具。

（4）作业条件

① 确认砂浆配合比；

② 建立砂浆搅拌后台，并对砂浆强度等级、配合比、搅拌制度、操作规程等进行挂牌；

③ 采用人工搅拌时，需铺硬地坪或设搅拌槽。

（5）施工组织及人员准备

① 试验员：须持证上岗，要求熟知材料及砂浆试块的取样规定，熟知砂浆试块的制作、养护规定，操作熟练；

② 计量员：应熟知计量器具的校检周期、计量精度、使用方法等规定；

③ 搅拌机操作人员：须持证上岗，要求熟知操作规程和搅拌制度，操作熟练；

④ 操作人员：应经过培训，并掌握投料、搅拌、运输等技术与安全交底内容，操作熟练。

2. 质量、安全及环境保护控制要点

（1）技术的关键要求

① 砌筑砂浆应通过试配确定配合比，当砌筑砂浆的组成材料有变化或设计强度等级变更时，应重新进行配合比试配，并出具配合比单；

② 施工中采用水泥砂浆代替水泥混合砂浆时，应重新确定砂浆强度等级；

③ 砌筑砂浆的分层度不应大于 30mm，水泥砂浆的最少水泥用量不应少于 $200kg/m^3$。

（2）质量关键要求

① 原料计量：

a. 砂浆现场搅拌时，严格按配合比对其原材料进行质量计量；

b. 水泥、有机塑化剂和冬期施工中掺用的氯盐等配料精确度应控制在±2％以内；

c. 砂、水等组分的配料精确度应控制在±5％以内；砂应计入其含水量对配料的影响；

d. 计量器具应经校准取证并在其校准有效期内，保证其精度符合要求。

②砌筑砂浆的稠度，按表9-3选用。

表9-3　砌筑砂浆稠度表

序号	砌体种类	砂浆稠度（mm）
1	烧结普通砖砌体	70～90
2	轻骨料混凝土小型空心砌块砌体	60～90
3	烧结多孔砖、空心砖砌体	60～80
4	烧结普通砖平拱式过梁	50～70
5	空斗砖、筒拱	
6	普通混凝土小型空心砌块砌体	
7	加气混凝土砌块砌体	
8	石砌体	30～50

③ 砂浆应随拌随用，水泥砂浆应在3h内用完；当施工期间最高气温超过30℃时，应在拌成后2h内使用完毕。

④ 对掺用缓凝剂的砂浆，其使用时间可根据具体情况延长。

（3）职业健康安全关键要求

水泥、砂投料人员应佩戴口罩、穿长袖衣服，防止吸入粉尘、腐蚀皮肤。

（4）环境关键要求

① 砂应堆放整齐，水泥有专用库房存放，并有防潮措施；

② 因砂浆搅拌而产生的污水应经沉淀后排入指定地点；

③ 砂浆搅拌机的运行噪声应控制在当地有关部门的规定范围内；

④ 在砂浆搅拌、运输、使用过程中，遗漏的砂浆应及时回收处理。

3. 施工工艺

（1）砌筑砂浆施工前搅拌工艺流程如图9-5所示。

① 机械搅拌：先向已转动的搅拌机内加入适量的水，然后将砂子及石灰膏（或磨细生石灰粉，电石灰膏等）依次倒入搅拌机内，先拌和1min左右，再按配合比加入水泥及其余的水，继续搅拌均匀，并达到要求的稠度，搅拌总时间不得少于2min；

② 人工搅拌（少量使用时采用）：先将水泥和砂倒在拌灰坪上干拌均匀，同时将石灰膏加水拌成稀浆，再混合搅拌至均匀为止。

（2）砌筑施工方法及操作要点如图9-6所示。

砌筑前，提前将结合部位润湿、凿毛，以保证黏结牢固。砌筑砂浆应采用中砂，随拌随用，严禁在砌筑现场加水二次拌制。

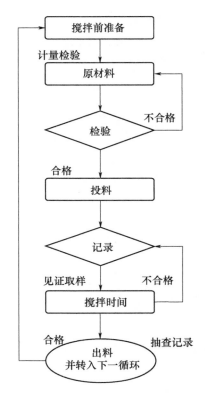

图 9-5　施工前搅拌工艺流程

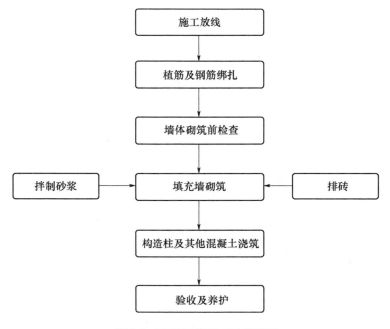

图 9-6　砌筑砂浆施工工艺流程

砌体施工时必须在墙体两侧双面挂线,挂线一定要拉紧绷直。墙体底部砖宜采用"三一"法砌筑丁砖,如图9-7所示,灰缝厚度为10mm,如墙体底部凹凸不平,可适当以C20细石混凝土找平。当采用铺浆法砌筑时铺浆长度不得超过750mm,气温超过30℃时不得超过500mm,冬期施工时铺浆长度不得超过500mm。

图9-7　"三一"砌筑法示意图

砌块砌筑按照先铺砂浆后压砖校正的方式进行,根据灰缝厚度要求用灰铲将砂浆铺开,铺灰长度符合要求规定。然后将砌块对准砌筑线平稳搁置,进行挤压、用木槌或橡皮锤捶打直至与砂浆紧密结合为止,要求在砌筑过程中砌筑一块、校正一块,尽量减少返工次数。

加气混凝土砌块当砌筑时遇到非整块时,必须使用手提电锯和板锯切割成所需尺寸砌块。严禁用斧子、瓦刀等任意劈砍。砌筑应从转角处或交叉墙开始顺序推进,内外墙应同时砌筑,纵横墙应交叉搭砌,砌筑时应上下错缝,填充墙不得通缝,搭接长度不宜小于砌块长度的1/3。

水平灰缝的砂浆应饱满,水平灰缝的砂浆饱满度不得低于80%,砖砌体水平灰缝宽度为10mm,竖向灰缝可采用挤浆或灌缝,使其砂浆饱满,宽度为12mm。加气混凝土砌块水平灰缝15mm,竖直灰缝20mm。灰缝应横平竖直,垂直灰缝宜用内外夹板灌缝,不得出现透明缝、瞎缝或假缝。

每层砖都要拉线看平,使水平缝均匀一致、平直通顺。宜采用外手挂线,可以照顾砖墙两面平整度,从而控制抹灰厚度。灰缝应随砌筑随勾缝,每砌一皮砌块,就位校正后,用砂浆灌垂直缝,随后勾灰缝,深度为3~5mm。

为防止由于砌块及砂浆灰缝变形下沉产生裂缝,所有墙体分两次砌筑,每日砌筑高度不宜超过2m。填充墙砌至接近梁底、板底时,应留有30~80mm的空隙,用细石混凝土加膨胀剂塞实。

不同材料界面加强网:不同材料基体结合处、暗埋管线孔槽基体上、抹灰总厚30mm的找平层,挂网的材料可采用镀锌钢丝网、镀锌钢板网、(涂塑或玻璃)耐碱纤维网格布。镀锌钢丝网规格为10mm×10mm×0.7mm,固定钉间距400mm;网材与基体搭接宽度100mm。

4. 安全环保措施

砂浆必须符合《建筑机械使用安全技术规程》（JGJ 33—2012）[3]及《施工现场临时用电安全技术规范》（JGJ 46—2005）[4]的有关规定，施工中应定期对其进行检查、维修，保证机械使用安全。

落地砂浆应及时回收，回收时不得夹有杂物，并应及时运至拌和地点，掺入新砂浆中拌和使用。

5. 季节性施工措施（冬季）

（1）黏土膏或电石膏等宜保温防冻，当遭冻结时，应经融化后方可使用。

（2）砂浆用砂，不得含有直径大于 1cm 的冻结块或冰块。

（3）砂浆搅拌用水的温度不得超过 80℃，砂的温度不得超过 40℃，砂浆稠度应较常温适当增大。

9.2.3 质量问题与预防措施

现象一：施工现场砌筑砂浆配合比控制不严，未见计量设备（图 9-8）。

原因：工程质量意识不强，工人单纯追求省时省力。

防治措施：根据砂浆设计配合比计算出施工配合比。现场拌制要有施工配合比和计量设备，并技术交底清楚。（1）水泥砂浆中水泥用量不应少于 200kg/m³，水泥混合砂浆中水泥和掺和料总量宜为 300～500kg/m³。（2）砂：宜为中砂，砂的含泥量对水泥砂浆和强度等级不小于 M5 的水泥混合砂浆不应超过 5%；强度等级小于 M5 的水泥混合砂浆不应超过 10%。（3）砌筑砂浆应采用机械搅拌，自投料完算起搅拌时间应符合下列规定：①水泥砂浆和水泥混合砂浆不得小于 2min；②水泥粉煤灰砂浆和掺用外加剂的砂浆不得小于 3min；③掺用有机塑化剂的砂浆，应为 3～5min。（4）砂浆应随拌随用，水泥砂浆和水泥混合砂浆应分别在 3h 和 4h 内使用完；当施工期间最高气温超过 30℃时，应分别在拌成后 2h 和 3h 内使用完毕。注：对掺用缓凝剂的砂浆，其使用时间可根据具体情况延长。

图 9-8　砂浆搅拌施工现场图

现象二：墙面不清晰，灰缝不密实，不平整，组砌有瞎缝、空缝和乱缝现象（图9-9）。

图 9-9 灰缝不符合要求现场图

原因：交底不清，操作不认真，检查不到位。

防治措施：（1）砌筑前应先按设计要求弹出墙中线、边线及门洞位置。砌筑时应在墙转角及两端设皮数杆，以控制灰缝的厚度及标高。（2）砖砌体的灰缝应横平竖直、厚薄均匀，砂浆饱满，灰缝控制在 8～12mm，砌筑时拉通线。（3）砌砖宜采用"三一"（一铲灰、一块砖、一揉压）砌砖法，铺灰不宜过长（控制在 30～50cm），多孔砖头缝用满刀灰砌筑法。（4）砖砌体应上、下错缝，内外搭砌，采用一顺一丁的砌筑形式，上下搭接错位不小于 1/4 砖，不得有通缝、同缝、瞎缝、空缝出现。（5）勾缝：在砌筑过程中，应采用"原浆随砌随收缝法"进行勾缝，使灰缝密实。（6）烧结黏土砖、轻骨料混凝土小型空心砌块的灰缝应为 8～12mm。（7）蒸压加气块砌体的灰缝宽度不应超过 15mm。砌筑时铺灰不宜过长，应随砌随铺，控制在 60～120cm，铺灰须到砌体边；垂直灰缝宜用内外临时夹板灌缝，灰缝控制不大于 20mm。（8）砖砌体应上、下错缝，内外搭砌，上下搭接错位不小于 1/4 砖；砌块应上、下错缝，内外搭砌，每块砌块砌筑时，宜用水平尺与橡皮锤校正水平、垂直位置，并做到上下皮砌块，搭接长度不小于被搭接砌块长度的 1/3，且不得小于 100mm。（9）空缝、瞎缝可在其表面开凿 30mm 深 V 型槽，浇水湿润，然后用防水砂浆嵌实。

参考文献

[1] 中华人民共和国住房和城乡建设部. 预拌砂浆：GB/T 25181—2019 [S]. 北京：中国标准出版社，2019.

[2] 中华人民共和国住房和城乡建设部. 预拌砂浆应用技术规程：JGJ/T 223—2010 [S]. 北京：中国建筑工业出版社，2010.

[3] 中华人民共和国住房和城乡建设部. 建筑机械使用安全技术规程：JGJ 33—2012 [S]. 北京：中国建筑工业出版社，2012.

[4] 中华人民共和国建设部. 施工现场临时用电安全技术规范：JGJ 46—2005 [S]. 北京：中国建筑工业出版社，2005.